AF452570

LA STÉRÉOSCOPIE RATIONNELLE

L. STOCKHAMMER

La
STÉRÉOSCOPIE
Rationnelle

DEUXIÈME ÉDITION

Revue et augmentée

PARIS

CHARLES-MENDEL, ÉDITEUR

118, RUE D'ASSAS

Reproduction et traduction interdites

AVANT-PROPOS

Encouragé par l'accueil sympathique, qu'un public compétent a bien voulu faire à notre première édition, nous avons poursuivi nos recherches sur la question stéréoscopique et sommes heureux de présenter aujourd'hui au lecteur une seconde édition considérablement augmentée, où nos théories sont confirmées par des expériences et des exemples nouveaux.

Sans prétendre avoir dit le dernier mot sur ce genre de vision, nous croyons néanmoins avoir apporté quelques lumières en expliquant d'une façon précise, non seulement pourquoi et comment nous voyons au stéréoscope une seule image et en relief, mais en indiquant aussi le moyen exact et pratique permettant d'établir les deux images qui doivent nous mener à ce résultat.

Le Bulletin du Stéréo-Club français, que dirigent des personnalités de valeur scientifique indiscutée, en ouvrant ses colonnes à la publicité de nos articles, nous a donné un témoignage d'intérêt dont nous savons estimer tout le prix et dont nous sommes heureux de le remercier.

L. S.

TABLE DES MATIÈRES

PRÉFACE

Les études dont nous nous sommes occupé et dont nous allons donner dans ce traité un rapide exposé, ne se rapportent qu'à des questions géométriques et physiques. Si parfois nous avons effleuré la physiologie (qui n'est pas de notre compétence), c'est que nous avons trouvé dans d'autres ouvrages des observations s'adaptant à notre sujet, ou rassemblé des constatations faites sur nos propres yeux.

Considérés à un point de vue purement mécanique, les yeux offrent un vaste champ d'observations ; nous pouvons nous rendre exactement compte de tous leurs mouvements : leurs axes, leurs points aveugles, leurs taches jaunes, sont autant de points de repère pour vérifier nos remarques.

C'est sur papier, à l'aide de la règle et du compas, que nous avons étudié les effets produits par les rayons qui frappent les différentes parties des rétines et cherché à les appliquer à la stéréoscopie pour découvrir les bases fondamentales de cette vision si curieuse et si intéressante.

Les mesures indiquées dans cet ouvrage sont basées généralement sur un écartement des yeux de 70 millimètres. Or les écartements variant sensiblement suivant les individus, elles ne peuvent être qu'approximatives. Il sera facile au lecteur d'en déduire proportionnellement les mesures qui lui conviennent.

Les figures sont pour la plupart adaptées au cadre du livre. Certaines, exigeant pour leur démonstration des dimensions considérables, ont été beaucoup réduites, d'autres complètement faussées ou exagérées, mais à seule fin de rendre les explications claires et compréhensibles.

L. S.

HISTORIQUE

Depuis la plus haute antiquité, on a remarqué qu'en regardant un objet, chacun des yeux voyait une image différente.

En 1834, l'Anglais Ch. Wheatstone constata le premier que si chacune de ces images pouvait être reproduite sur papier et vue par l'œil correspondant, l'objet apparaissait avec son relief naturel. Pour obtenir ce résultat, il imagina son stéréoscope à miroirs.

L'idée lancée, d'autres le suivirent et en 1849 l'Anglais D. Brewster trouva une bien meilleure disposition en plaçant tout simplement devant les images deux lentilles sphéro-prismatiques.

Ainsi fut créé l'appareil de l'avenir.

Des discussions interminables eurent lieu pour définir et préciser la perception du relief. Des savants, tels que Brucke et Dove, émirent chacun des opinions différentes.

La découverte de la photographie favorisa la reproduction des images stéréoscopiques dont la vue a été facilitée par le stéréoscope de Brewster. Ce dernier eut aussi l'idée de construire la première chambre stéréoscopique.

Son pays natal ne s'intéressa pas à ses inventions et en 1850 il vint à Paris proposer son appareil au constructeur Duboscq, qui conclut un accord avec lui.

L'année suivante, à l'Exposition de Londres, l'appareil de Brewster eut un énorme succès. La fabrication augmenta d'année en année à tel point qu'en 1856 plus de 500.000 appareils étaient répandus dans le public.

Une lutte s'engagea entre constructeurs français et anglais. Wheatstone prôna son stéréoscope à miroirs, mais ne parvint pas à détrôner l'appareil commode et moins encombrant de Brewster.

En 1852, l'ingénieur Clark eut l'idée de se servir d'une seule chambre pour obtenir les deux images stéréoscopiques. En poussant automatiquement la plaque sensible, après avoir déplacé la chambre de l'écartement des yeux, il obtenait à droite l'image gauche et à gauche l'image droite, de sorte que l'inversion des positifs était supprimée. Elle n'eut pas de succès à cause des deux poses obligatoires.

Claudet, en 1852, réunissait deux chambres moyennant une charnière. Il les faisait converger plus ou moins suivant la distance du sujet.

Wheatstone était aussi partisan de la convergence des chambres.

En 1857 Helmholz eut le premier l'idée du téléstéréoscope.

Vers 1859 d'autres constructeurs, tels que Chevalier, Quinet, Clark, etc... apportèrent différents changements et perfectionnements aux appareils stéréoscopiques, mais, malgré leur tendance à vouloir maintenir et imposer même la convergence des chambres, ce fut encore celle à axes parallèles qui obtint le plus de succès.

Brewster conseillait déjà la conformité des foyers. Celui du stéréoscope devait être le même que celui de la chambre.

Vers cette époque, des constructeurs, soit de chambres stéréoscopiques, soit de stéréoscopes, surgirent de partout, en Angleterre, en Allemagne, en France. Toutes les combinaisons possibles et imaginables furent essayées. Malheureusement, chacun cherchait à produire bon marché, de sorte qu'on était arrivé à donner le jour à des appareils si mal conditionnés, donnant si peu l'illusion de la nature, fatiguant même la vue à l'examen des images, que peu à peu le public délaissa complètement la stéréoscopie.

Cela dura une quinzaine d'années pendant lesquelles Caze, vers 1885, Stolze, vers 1894, firent revivre, par d'intéressantes publications, l'idée du stéréoscope.

Des appareils mieux compris et mieux soignés parurent petit à petit.

Nos constructeurs modernes, soit d'appareils, soit d'objectifs, parvinrent à un tel point de perfection, les résultats furent si merveilleux, si conformes à la nature, que le goût du public pour le stéréoscope se développa à nouveau et à un degré que n'avait encore jamais connu ce genre de photographie.

INTRODUCTION

Si les appareils stéréoscopiques ont actuellement atteint une assez grande perfection, la théorie, par contre, est restée bien en arrière. Jamais, semble-t-il, des idées plus extraordinaires, plus invraisemblables n'ont été émises sur ce genre de vision. Aussi un continuel désaccord règne sur la question de savoir comment il faut reproduire les objets et pourquoi en plaçant les deux images obtenues devant nos yeux dans le stéréoscope, nous n'en voyons qu'une nous donnant l'illusion du relief.

Certains, et ils sont nombreux, soutiennent que la fusion et le relief sont dus à la *superposition* des deux tableaux du stéréogramme, obtenue, soi-disant, par la réfraction des rayons à leur passage dans les lentilles.

Tous les traités de physique sont d'accord sur ce point et les images abondent qui prétendent le démontrer.

D'autres affirment que la vision stéréoscopique est une vision binoculaire *anormale*, où la convergence cesse dès que nous plaçons les yeux devant les deux lentilles du stéréoscope : plus encore ils soutiennent que les yeux louchent en dehors et que par ces seuls faits la fusion et le relief se produisent.

D'autres croient que c'est en convergent nos axes entre les deux images du stéréogramme que la fusion se produit et poussent l'amour de la convergence jusqu'à l'appliquer aux appareils photographiques en faisant converger les deux chambres sur le même objet à reproduire, obtenant ainsi des résultats absurdes, contraires à toutes les lois de la perspective. Ils nous fournissent à l'appui des dessins aussi invraisemblables que leurs explications.

D'autres, en plaçant successivement les objectifs devant l'objet à reproduire, oubliant que ceux-ci doivent avoir l'écartement des yeux, faussent la profondeur et obtiennent des stéréogrammes n'ayant aucun rapport avec ce que nous voyons.

D'autres encore, ne se rendant pas compte que ce qui est reproduit par la chambre noire doit ensuite être vu par nos yeux, construisent des appareils nullement en rapport avec leur écartement, donnant ainsi aux images des apparences qui sont loin de la réalité.

Longue serait la série si nous voulions énumérer ici tout ce qui a été dit et écrit sur la stéréoscopie depuis sa découverte. Les idées les plus fantaisistes, les calculs les plus extravagants ; rien n'a manqué pour nous faire croire aux combinaisons les plus extraordinaires des rayons visuels, pour attribuer à nos yeux des efforts surhumains et nous laisser enfin toujours dans la même incertitude sur les causes réelles de ce genre de vision.

Des recherches approfondies, soutenues de preuves sérieuses, d'expériences concluantes, de résultats pratiques, nous ont mis à même de pouvoir donner des explications qui nous paraissent plus naturelles et plus proches de la vérité.

LA VISION

1) Comme les yeux jouent le principal rôle dans la question stéréoscopique, il est tout naturel que nous sachions à peu près comment nous voyons et quel est le mécanisme qui commande le système de la vision.

Le cristallin est l'objectif, l'œil la chambre noire (fig. 1). Chaque œil possède son nerf optique. Un croisement partiel de ce dernier a lieu avant d'arriver au cerveau, de sorte que chaque œil a une partie du nerf optique pénétrant à droite du cerveau et une à gauche.

En entrant dans l'œil, le nerf optique produit le « Point aveugle », s'épanouit ensuite et forme la *rétine*, surface noire qui en recouvre l'intérieur, composée de points très serrés les uns contre les autres, les *Points rétiniens*.

La coupe de la rétine, vue au microscope, ne peut mieux se comparer qu'à une brosse dont les poils sont tous tournés vers le centre de l'œil. Chacun de ces poils est indépendant. Leur sommet forme, pour ainsi dire, un œil spécial voyant pour son propre compte (72). Chacun a son correspondant dans l'autre œil et c'est seulement lorsqu'une image frappe les points rétiniens correspondants (sommet des poils), que la fusion a lieu. Dans le cas contraire toute fusion devient impossible et l'objet est vu double (117).

Le pouvoir de vision de la rétine décroît du centre à la périphérie. Le centre visuel est formé par la *Tache jaune*, petite surface ovale d'environ 0,75 millimètres carrés, riche en éléments nerveux, située sur l'axe de l'œil.

Si nous regardons un objet, nous voyons nette la partie qui frappe la tache jaune, celle sur laquelle nos axes convergent, tout le reste est vu de plus en plus flou à mesure que l'image sur la rétine s'éloigne du centre visuel.

C'est ce qui nous oblige à regarder successivement tous les points d'un objet, ou de l'espace, pour pouvoir nous rendre compte de l'ensemble (vulgairement: promener son regard).

Lorsque nous fixons un point, nous voyons distinctement un espace compris dans un angle d'environ 3°20, lequel correspond à une ouverture de 18 millimètres à la distance de la vision distincte (0 m. 30 environ), nous permettant de saisir en lisant un mot de pareille longueur. A 3 mètres nous verrons distinctement une surface de

L'ŒIL

Coupe de l'œil.   Face de l'œil.

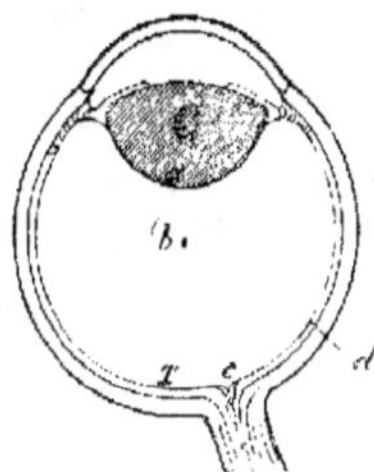 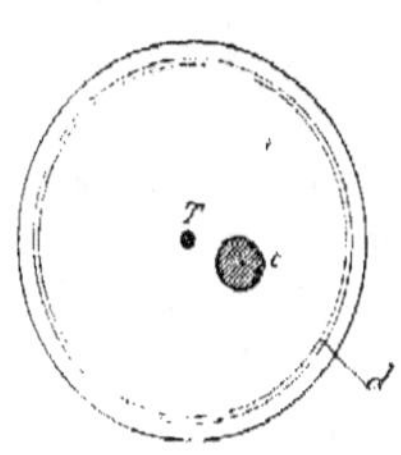

a, Centre optique ; b, Centre de rotation ; c, Point aveugle (Nerf optique) ;
d, Rétine ; T, Tache jaune ; C, Cristallin.

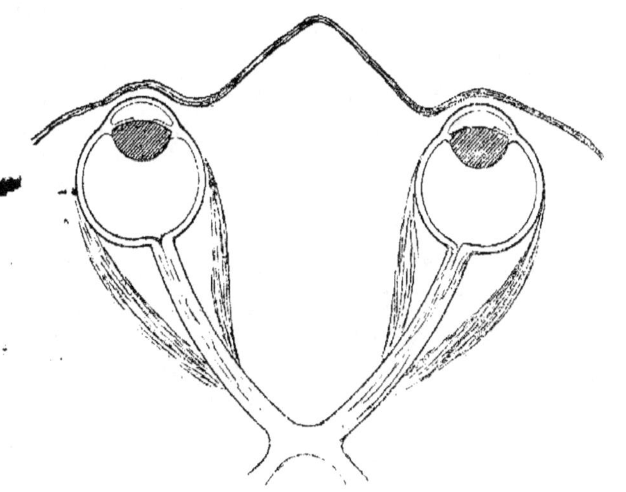

0 m. 18 de large ; à 300 mètres, une de 18 mètres ; à 1,000 mètres, une de 60 mètres, etc., etc.

La moindre pression exercée sur l'un des yeux suffit pour détruire l'équilibre, les axes ne convergent plus sur le même point, on verra double, expérience facile à réaliser.

2) Deux cas absolument distincts sont à examiner dans l'étude de la vision :

1° la FUSION ou l'unification des impressions reçues sur les points rétiniens correspondants ;

2° le RELIEF dû à l'impossibilité de fusionner simultanément toutes les impressions arrivant sur les rétines.

Nous les examinerons successivement dans tous leurs détails, appliquant à la vision stéréoscopique les phénomènes qui la concernent.

LA FUSION

3) La fusion est la principale phase du phénomène de la vision distincte l'accomplissement de l'acte cérébral qui nous donne l'impression unique d'un point quelque vu par deux yeux.

Si nous fixons le cercle O (fig. 2), chaque rétine recevra son image et par un effet physiologique, basé sur l'impression des points rétiniens correspondants, nous ne verrons qu'un seul cercle avec les deux yeux.

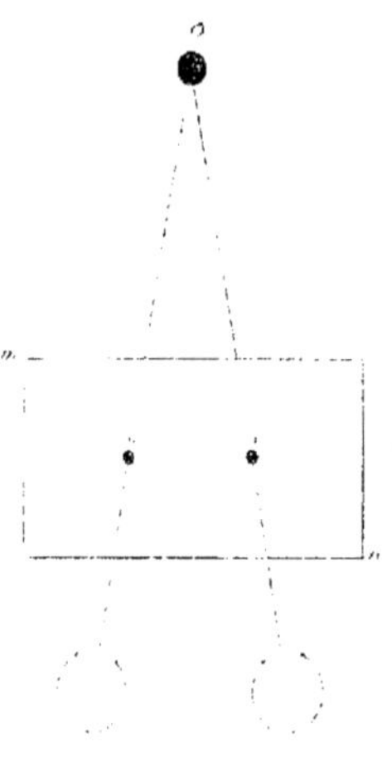

Bien pénétrés de cela, il nous sera facile de comprendre que si nous trouvons le moyen de produire sur chacune de nos rétines une impression identique à celle produite par le cercle O, nous le verrons absolument de la même façon, comme si nous le regardions directement.

Pour arriver à ce résultat, il nous suffira de couper par un plan quelconque (m n), les rayons allant du cercle O à chacun des yeux et, aux points exacts des intersections, de reproduire sur le plan son image telle qu'elle doit être en ces points (o o'). Nos yeux placés devant ces reproductions n'auront qu'à recueillir les rayons interceptés, lesquels ne subiront aucun changement de direction, car tels ils quittent le cercle, tels nous les reprenons sur le plan.

Les mêmes images impressionnant les mêmes points rétiniens, forcément nous verrons un seul cercle exactement à la place du cercle réel et de la même grandeur.

C'est là la base fondamentale de toute la stéréoscopie. Pour avoir l'illusion du cercle O, il faut que nos axes optiques soient dirigés sur les deux cercles *o o'*. C'est à ce dernier effort, produit soit par la volonté, soit par des lentilles, que nous devons la *fusion* des images.

4) Supposons le cercle O (fig. 3), distant de 1 m. 50. Plaçons à 0 m. 30 un

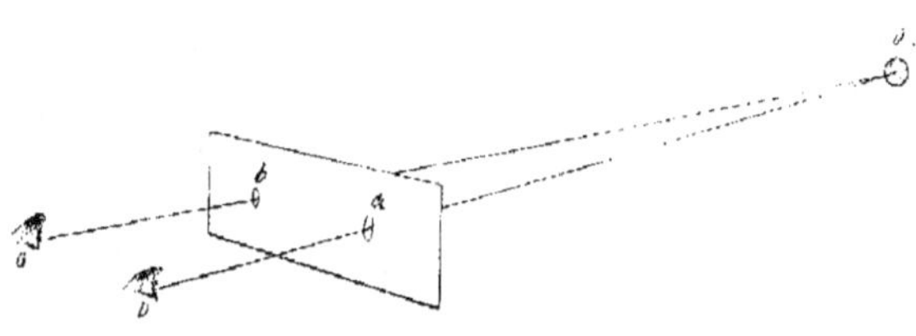

Fig. 3.

carton dans lequel nous aurons pratiqué deux trous *a* et *b*, exactement là où les rayons GO, DO le traversent. Nous n'aurons aucun effort à faire pour voir le cercle O à travers les deux trous, qui, à l'instant même, sembleront se superposer nous laissant l'illusion complète d'un point O vu à travers un seul trou.

Cette simple expérience nous prouve suffisamment que les deux trous fusionnent en un seul par l'unique raison qu'ils se trouvent sur les parcours des axes optiques convergeant sur O. Plus ce point sera éloigné, plus les deux trous seront écartés et inversement.

Accommodons notre regard sur le carton (fig. 4), nous verrons dans chaque trou un cercle O, l'image du cercle réel vue par chaque œil séparément. Les deux fusionneront dès que les axes traverseront à nouveau les deux trous pour se diriger sur O.

5) Remplaçons les deux trous *a* et *b* par deux images quelconques, supposons les deux cercles *n n'* (fig. 5) et dirigeons sur chacun d'eux l'axe de l'œil correspondant, ainsi que nous l'avons fait à travers les trous *a* et *b* (fig. 3). Les deux cercles *n n'* fusionneront avec la même facilité et il nous semblera voir le cercle O à la place qu'il occupe.

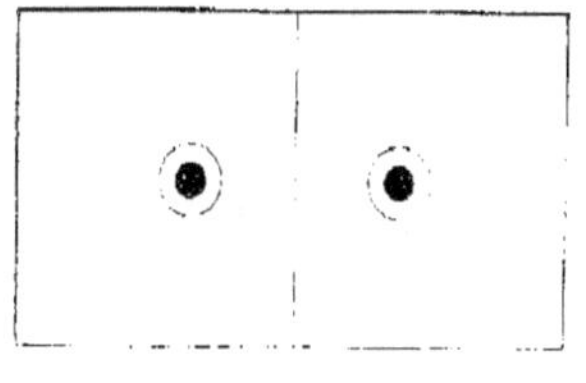

Fig. 4.

Tout cela prouve clairement que nos axes optiques ont pris l'exacte direction exigée par l'écartement des deux cercles, lesquels produisent sur nos rétines et préciségment sur les centres visuels (1) T T, la même impression que le point O placé à 1 m. 50 à la rencontre desdits axes.

6) A l'instant même où la fusion a lieu, la rétine droite reçoit l'impression du cercle gauche et réciproquement. Le cercle n, vu par l'œil droit, l'impressionnera en c, le cercle n', vu par l'œil gauche, en c et nous aurons devant nous la figure 6 où N seul sera le résultat de la fusion et p p les points secondaires, que l'on rend invisibles par une séparation x z, placée entre les deux yeux.

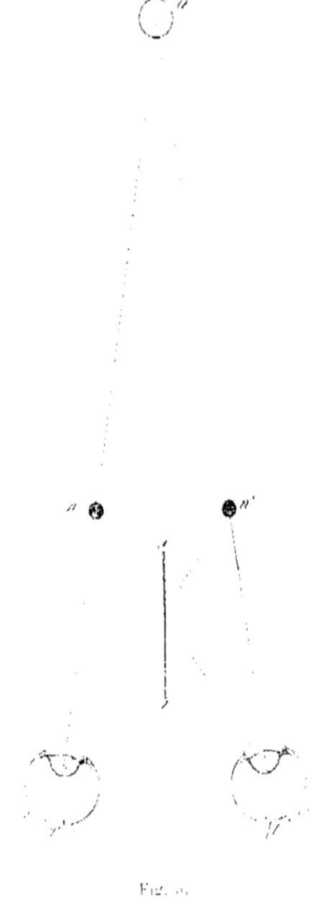

7) Dessinons un cercle O (fig. 7) et faisons converger nos axes optiques sur un point P supposé beaucoup plus loin (vulgairement : regarder dans le vide). Immédiatement nous verrons deux cercles, l'un à gauche n, vu par l'œil droit, l'autre à droite n', vu par l'œil gauche. Ils nous paraîtront d'autant plus écartés que le point P sera supposé plus loin. Le cercle O impressionnant les rétines m m' extérieurement aux axes (en dehors des taches jaunes), sera vu par chaque œil séparément.

8) Si, par contre, nous fixons le point O (fig. 8), le contraire se produira. Le cercle P impressionnant les rétines intérieurement aux axes (en dedans des taches jaunes), en m m', sera aussi vu par chaque œil séparément, mais le droit le verra à droite en n' et le gauche à gauche en n.

9) Nous pourrons obtenir le résultat des figures 7 et 8 en tenant notre crayon à 0 m. 25 devant nous et en fixant dans la même direction un point placé plus

Fig. 6.

Fig. 7.

1. Par simplification nous avons chargé de points constamment des cercles N etc. Il est évident que nous ne pouvons voir un cercle d'une dimension N avec le centre visuel seulement, mais aussi avec tous les points réunis qui l'entourent; de sorte qu'il n'est pas nécessaire de fixer le cercle à son centre, mais à n'importe quel point de sa surface.

loin. Nous verrons deux crayons, le gauche avec l'œil droit, le droit avec l'œil gauche. Si nous fixons le crayon nous verrons deux points, mais chacun avec l'œil correspondant.

10) Soient deux cercles a et b, écartés de 120 millimètres (fig. 9). L'effort

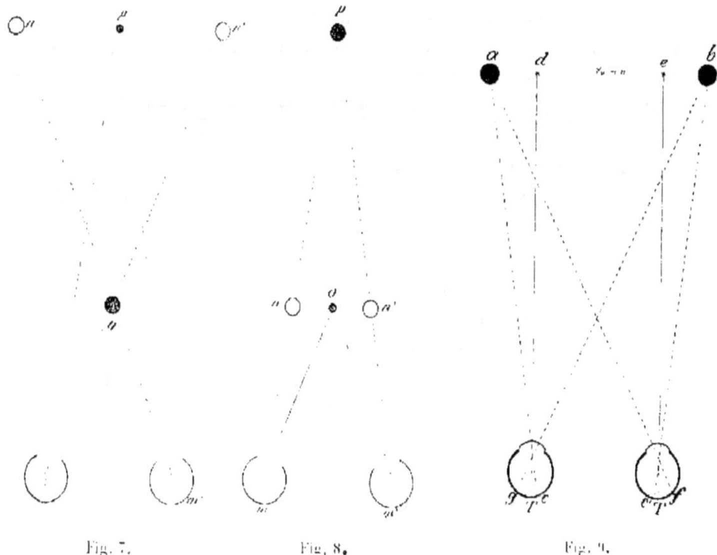

Fig. 7.   Fig. 8.   Fig. 9.

maximum que nous puissions faire pour en obtenir la fusion étant de 70 millimètres (sauf de rares exceptions), nos axes ne pourront prendre que les directions Td, Te, de sorte que les cercles a et b impressionneront les rétines en c et c', intérieurement aux axes, sur des points rétiniens non correspondants. Aucune fusion ne pouvant avoir

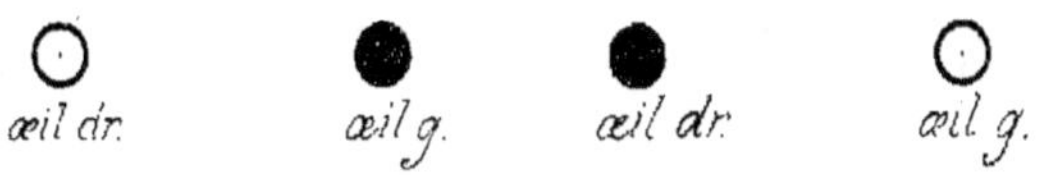

Fig. 10.

lieu, chaque œil verra son cercle séparément. En même temps l'œil droit recevra en f l'impression du cercle a et l'œil gauche en g celle du cercle b. La fusion des champs ayant lieu nous aurons devant nous la figure 10 (1).

1) Si le lecteur se trouve dans l'impossibilité de faire fusionner les cercles a l'œil nu, il pourra

11) Les quatre exemples que nous venons de citer (§§ 5, 7, 8 et 10), pour simples qu'ils paraissent, forment la base fondamentale de tout notre système de vision. Le premier nous explique la *Fusion*, le second et le troisième le *Relief*. La fig. 7, le relief en avant, la fig. 8, le relief en arrière. Le quatrième nous montre l'indépendance de vision de chaque œil et l'impossibilité de fusionner lorsque les points rétiniens impressionnés ne sont pas identiques.

12) Quelques exemples encore suffiront pour nous démontrer comment les images se forment sur les rétines, comment elles s'y comportent et comment nous les voyons.

Pour bien voir la ligne A B (fig. 11), les axes des yeux convergeront en O, elle se peindra sur les rétines en b a, b' a', les centres visuels T T' étant au milieu. Or, si nous redressons nos axes vers les extrémités A et B (fig. 12), comme si nous vou-

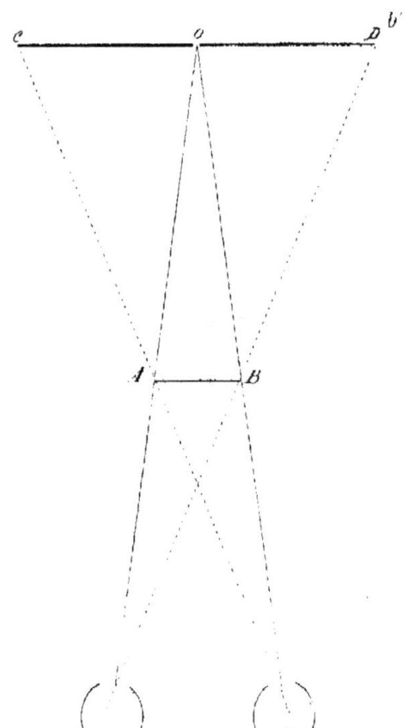

Fig. 11.   Fig. 12.

lions fixer le point O, les centres T T' se rapprocheront pour s'arrêter en a et b'. Les lignes b a, b' a' n'auront pas changé de place sur les rétines, mais par le roulement des yeux elles se trouveront transposées à droite et à gauche des axes. Les rétines étant impressionnées sur les côtés opposés, la fusion sera impossible, elle aura lieu seulement pour les deux extrémités de la ligne, les points A et B, qui

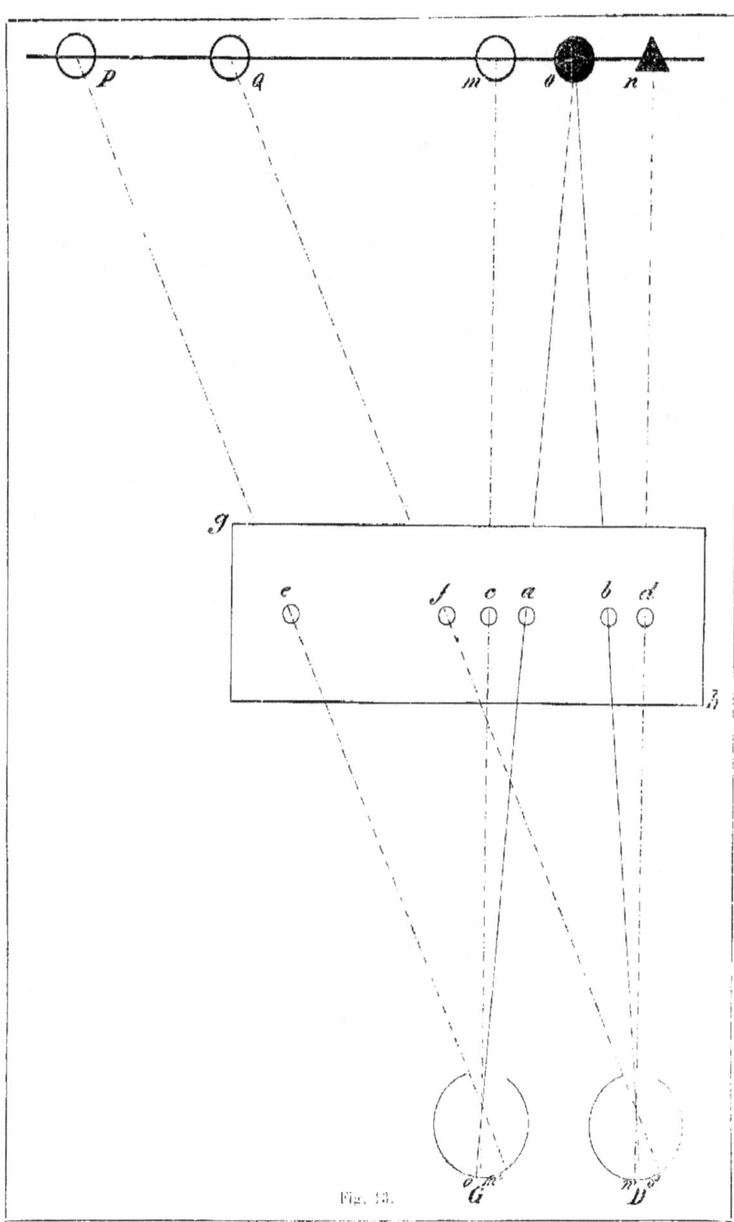

Fig. 13.

frappent directement les centres des taches jaunes. Le reste de la ligne sera vu dans toute sa longueur par chaque œil séparément, le droit la verra à gauche en OC et le gauche à droite en OD.

13) Traçons à 60 centimètres de distance les trois figures m, o, n, à 3 centimètres l'une de l'autre (fig. 13). Interceptons les rayons allant à nos yeux par le carton g h, placé à 30 centimètres et perçons les trous a, b, c, d, aux points d'intersection, comme le montre le dessin. Sans aucun effort, nous verrons à travers les trous a et b le point O. Les axes convergeant exactement sur lui. En même temps le cercle m impressionnera intérieurement en m' la rétine de l'œil gauche et le triangle n, intérieurement aussi en n, celle de l'œil droit, rendant leur fusion impossible.

Redressons maintenant nos axes dans les directions Cm, Dn, à travers les

Fig. 5.

trous c d, immédiatement les deux figures m n impressionnant les centres visuels, fusionneront et nous verrons la figure 14. m et n seront vus à la même place en s et le point D, qui frappe les deux rétines en o o', extérieurement aux axes, sera vu en O' par l'œil droit et en O par le gauche, toujours à travers les trous correspondants b et a.

Nous remarquerons aussi que lorsque nous fixons le point O, les deux trous a et b fusionnent se trouvant exactement sur les axes, de même que les trous c d, lorsque nous dirigeons notre regard sur m n. Il est évident que les deux images m n ne semblent changer de place pour se superposer, que par le fait de diriger les axes visuels sur chacune d'elles, mais qu'en réalité aucune superposition n'a lieu, cela étant matériellement impossible.

14) Le fait de voir les images à travers les trous du carton nous prouve d'une façon indiscutable que leur fusion ne les rend pas virtuelles, ainsi que certains le prétendent, mais que nous voyons bien les vraies images aux places qu'elles occupent réellement. Il ne se produit aucune diplopie croisée, ni aucune projection des images à droite et à gauche dans l'espace, rien ne change de place, seuls nos axes visuels sont dirigés sur les images pour en obtenir leur fusion (12).

15) Par cette même expérience nous pourrons aussi nous rendre compte de la fusion des images qui frappent les mêmes côtés des rétines loin des centres visuels. Le regard étant dirigé sur le point O, par les trous a et b, chaque rétine recevra en même temps, par les trous c d, l'impression des points P Q, tout comme celle des figures m n, quoique moins distinctement.

Or, si nous percevons la fusion des figures m n, en dirigeant nos axes à travers les trous c d, la fusion des points P Q aura lieu en même temps à la condition qu'ils aient le même écartement. En effet si les figures m n, écartées de x centimètres, représentent un objet placé à y mètres, il faudra que les deux points P Q puissent représenter un objet placé à la même distance et pour cela avoir le même écartement.

16) Considérons les axes des yeux comme les deux rayons d'une ellipse, dont les foyers correspondent aux centres optiques *d d'* (fig. 15) et traçons à différentes

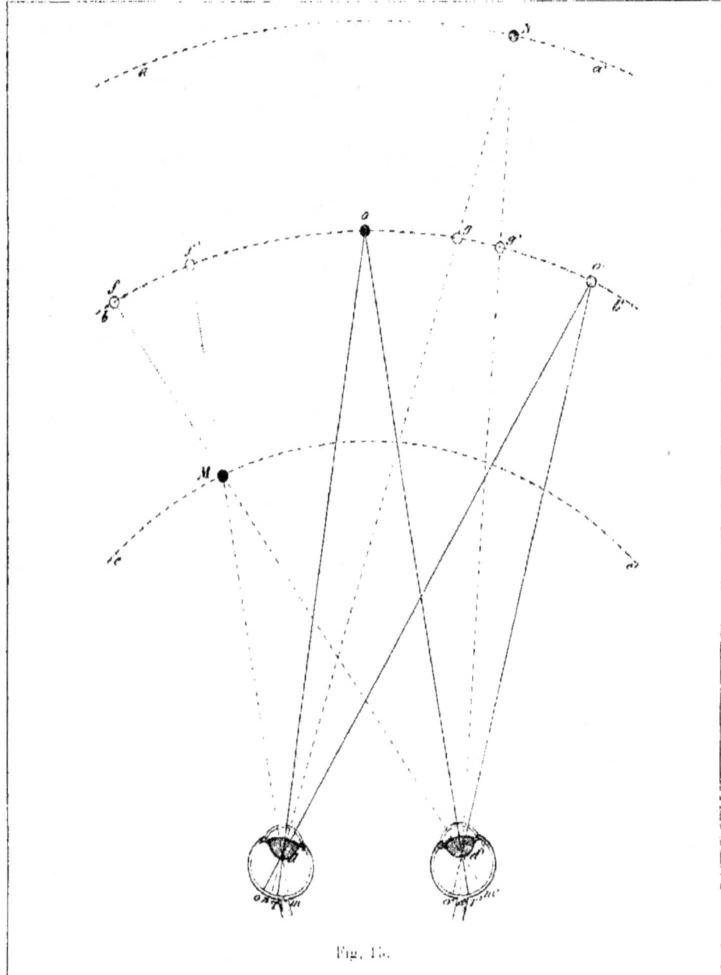

Fig. 15.

distances les portions d'ellipse *a a'*, *b b'*, *c c'*. Soit O le point fixé, nos axes convergeront sur lui, les centres visuels T T, étant impressionnés, nous verrons un seul cercle avec les deux yeux. Un second cercle O', placé sur le parcours de la même ellipse, frappera les rétines du même côté en *o o'* en deux points équidistants des centres et l'impression d'unité sera encore la même.

Par contre les cercles M N. situés l'un en avant l'autre en arrière du point fixé O, trouveront leurs places sur les rétines, le premier en *m m'*, le second en *n n'*. Les distances *m* T et *m'* T'. ainsi que *n* T, *n'* T'. n'étant pas pareilles, par conséquent les points rétiniens correspondants ne pouvant être impressionnés simultanément, la fusion n'aura pas lieu, chaque œil verra son cercle séparément. M sera vu double dans l'espace en *f f'* et N en *g g'*. Ce n'est qu'à la grande mobilité des yeux, à la netteté avec laquelle nous percevons le point fixé et à l'attention de l'esprit pour le point considéré, que nous devons de ne pas nous apercevoir de toutes ces visions doubles.

17) Ici intervient d'une façon utile la présence du *point aveugle* (63) et la diminution de force de vision des points rétiniens s'éloignant des centres visuels. Dans le premier cas, une des deux figures disparaît en partie et souvent complètement. Dans le second, celle qui frappe la rétine plus loin du centre devient moins visible, ainsi *f* sera vu moins distinctement que *f'* et *g* que *g'*, atténuant sensiblement l'effet de la double vision.

18) De tout ce qui précède nous croyons pouvoir conclure :

1° *La fusion a lieu seulement lorsque les images impressionnent directement les centres de la vision, ou bien les points équidistants de ces derniers, situés sur les mêmes côtés des rétines.*

2° *Tout point placé plus près ou plus loin que celui fixé, impressionnera simultanément les rétines en dehors ou en dedans des axes ; ou bien sur les côtés correspondants, mais sur des points rétiniens non équidistants des centres, la fusion sera impossible, chaque œil verra son point séparément.*

3° *Seuls les points situés sur le plan vertical (¹) sur lequel nos axes convergent, fusionnent en même temps. Tous les autres, placés, soit en avant, soit en arrière du dit plan, sont vus doubles, par conséquent flous.*

DES DIFFÉRENTS MODES EMPLOYÉS POUR OBTENIR LA FUSION

19) Deux images, quelles qu'elles soient, reproduites sur nos rétines, et ayant pour centres communs deux points identiques quelconques, soit les centres visuels, soit tout autre point rétinien, fusionnent ou sont vues à la même place. Ainsi en plaçant devant l'œil gauche l'image d'une cage et celle d'un oiseau devant l'œil droit, la fusion ayant lieu, nous verrons l'oiseau dans la cage. Cette expérience peut s'appliquer à une multitude de cas semblables. Ce sont donc les champs visuels qui fusionnent dans lesquels la convergence et la divergence s'exercent sur tous les points des objets qui s'y trouvent représentés, produisant successivement leur fusion.

(¹) Il est utile de remarquer que, en ce qui concerne les points de plus amples circonstances, résultent des surfaces de direction, variant de ... distances entourant le point fixe, peuvent être considérées comme planes avec une erreur si insensible qu'elle peut être négligée dans la pratique.

20) Nos axes étant dirigés sur le point O (fig. 16.), seuls les plans des champs visuels limités par la ligne A B fusionneront. Il en sera de même des champs stéréoscopiques dont les plans $a b$, $a' b'$ fusionnent parce que les points o o' se trouvent sur les axes GO, DO.

21) Or, il s'agit de démontrer comment les images placées dans chaque champ se comportent, soit derrière les lentilles, soit lorsque nous les regardons directement, et de quelle façon leurs rayons doivent impressionner nos rétines pour que la fusion puisse avoir lieu.

La fusion des images pourra être obtenue :

1° Par la convergence,

2° Par la divergence,

3° Par le croisement,

4° Sans appareils, par la volonté.

FUSION PAR LA CONVERGENCE

MARCHE DES RAYONS A TRAVERS LES LENTILLES

22) Si nous considérons la figure 2, nous nous rendrons facilement compte que les impressions reçues sur nos rétines en regardant les deux cercles o o', sont exactement les mêmes que celles reçues en fixant le cercle O sur lequel nos axes convergent. C'est par cette même convergence que nous obtenons, à travers les lentilles du stéréoscope, la fusion des images lorsque les homologues sont convenablement écartés.

23) La forme de certaines lentilles adoptées pour stéréoscope, analogue à celle du prisme, provoque le rapprochement des points homologues et en facilite la fusion, de sorte qu'avec elles nous pouvons regarder des stéréogrammes dont les homologues sont écartés de 80 millimètres et plus, chose presque impossible avec le stéréoscope à lentilles ordinaires.

Voici la marche des rayons :

Deux lentilles sphéro-prismatiques (Sph + 6, Prisme 12°) l l', sont enchâssées dans la monture du stéréoscope, ainsi que l'indique la fig. 17.

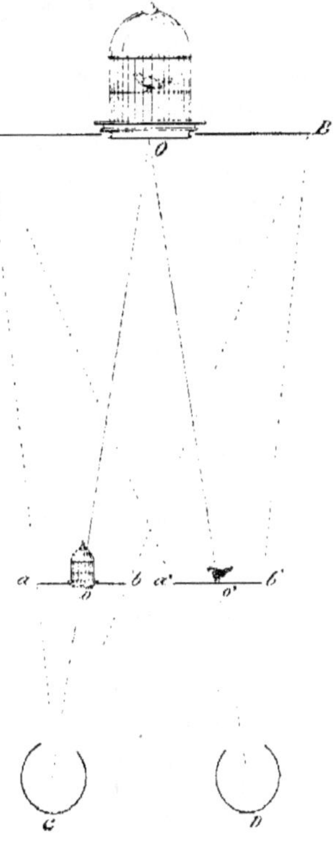

Fig. 16.

Supposons sur un stéréogramme *m n*, les deux points homologues *a* et *b*, écartés de 85 millimètres, le rayon *b b'*, qui traverse le prisme à sa base, ne subira aucune réfraction et nous fera voir le cercle *b* à la place qu'il occupe réellement ; tandis que le rayon *a a'*, qui sera réfracté, déplacera le cercle *a* en *a'* approchant celui-ci d'environ 20 millimètres du cercle *b*. Les deux homologues *a'* et *b* n'auront plus qu'un écartement de 65 millimètres.

Les homologues *c* et *d*, écartés de 80 millimètres seront réfractés en *c'* et *d'* et auront un écart de 60 millimètres.

24) Les prismes *l l* déplacent un point, sur le parcours de *b* à *f*, de 0 à 25 millimètres environ. Si nous portons 25 millimètres de *f* à *e*, et que nous contruisions le triangle *g e b*, nous pourrons trouver les places exactes où chaque point du stéréogramme sera réfracté. En élevant les perpendiculaires *ch*, *ai*, *dk* et en traçant les arcs de cercle *hc'*, *ia'*, *kd'*, nous obtiendrons les points réfractés *c' a' d'*.

25) La marche des rayons à travers les lentilles ordinaires ne produit aucun rapprochement des points homologues, tels nous les plaçons dans le stéréoscope, tels nous les voyons à travers les lentilles. La réfraction qui se produit au bord d'une lentille est toujours annulée par l'action symétrique de l'autre, de sorte que les écartements restent constants.

Nous voyons par là que les lentilles sphéro-prismatiques aboutissent aux mêmes résultats que les lentilles ordinaires, les deux nous donnant un écartement d'homologues d'environ 70 millimètres, indispensable pour obtenir une fusion ne fatigant pas notre vue.

26) Dans un stéréoscope à lentilles sphéro-prismatiques nous pouvons regarder des stéréogrammes ayant les homologues 15 à 20 pour cent plus écartés que ceux destinés au stéréoscope à lentilles ordinaires. Le maximum pour le premier serait de 85 et pour le dernier de 70 millimètres. Or, comme l'écartement de 85 millimètres n'est pas du tout naturel et que la perspective de semblables stéréogrammes est forcément faussée, il serait utile et nécessaire que celui de 70 fût adopté d'une façon définitive comme maximum pour les chambres dont le foyer dépasse 9 centimètres (16).

27) Évidemment, si nous prenons une vue stéréoscopique avec une chambre ayant ses objectifs écartés de 70 millimètres et si nous plaçons ensuite le stéréogramme, dont les centres des images sont aussi écartés de 70 millimètres, dans un stéréoscope ayant le même écartement et le même foyer, nous n'aurons rien changé à la direction des rayons et nous aurons sur nos rétines exactement les mêmes images que celles qui s'y produiraient si nos yeux étaient à la place des deux objectifs. La convergence, qui joue le principal rôle, pourra s'exercer à toutes les distances, les rayons visuels conserveront les mêmes directions que pour la vision ordinaire.

C'est la seule, la vraie façon de comprendre la vision stéréoscopique, celle qui nous donne l'illusion parfaite de la réalité, celle qui devrait être généralement adoptée.

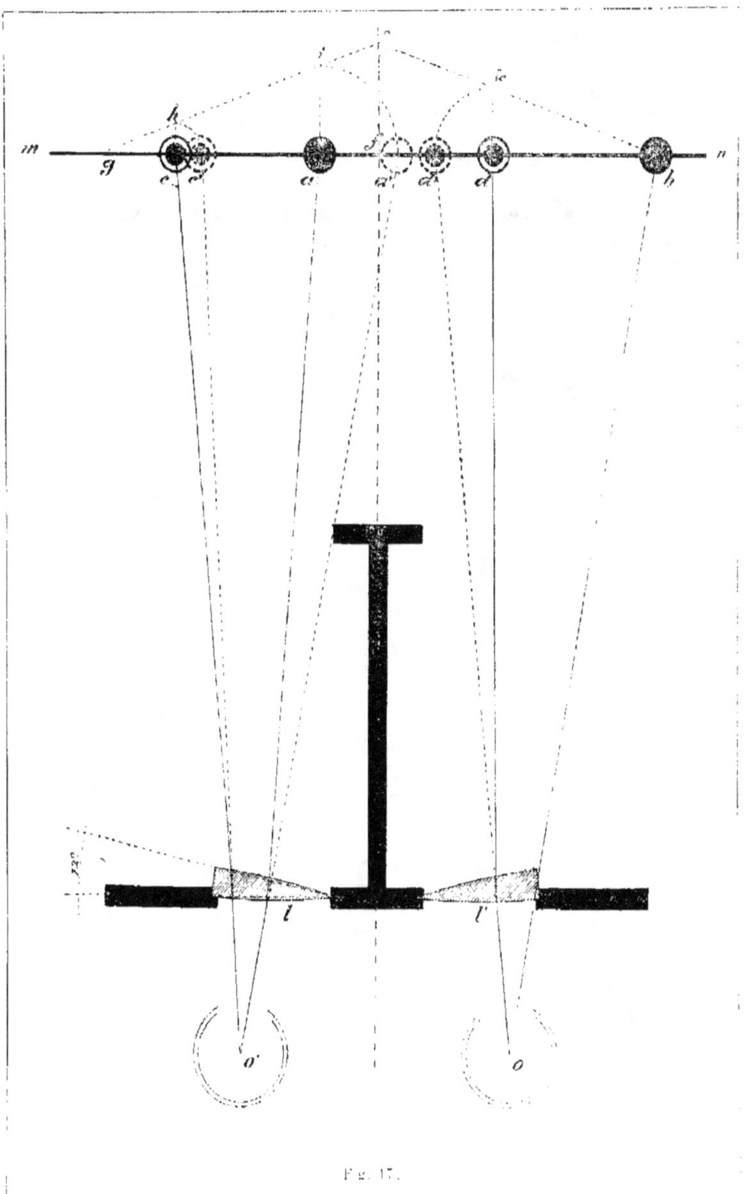

Fig. 17.

Peu importe que la chambre stéréoscopique ait 5, 10, 15 centimètres de foyer, pourvu que le stéréoscope ait exactement le même et que les écartements des objectifs, des images et des lentilles restent, suivant les foyers des objectifs, entre 63 et 70 millimètres (187).

FUSION PAR LA DIVERGENCE

28) Nous venons d'expliquer comment par une convergence déterminée des rayons optiques, nous arrivons à obtenir la fusion des images au stéréoscope. Nous

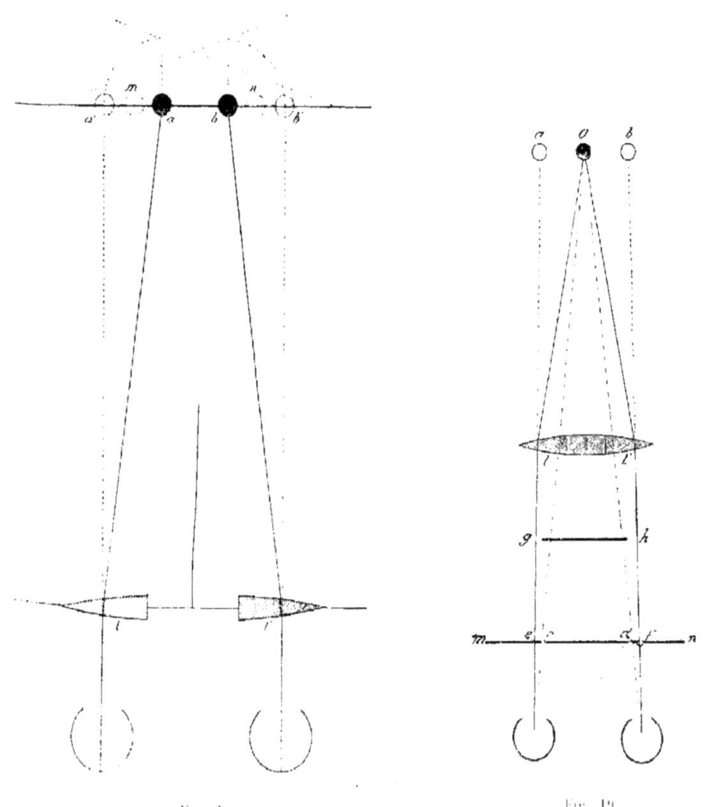

Fig. 18.   Fig. 19.

démontrerons maintenant comment nous pourrons arriver au même résultat par l'effet tout à fait opposé, par la divergence des dits rayons.

Nous verrons plus loin (60) pourquoi et comment deux points, dont l'écartement est inférieur à 52 millimètres environ, ne peuvent fusionner dans un stéréoscope de 15 centimètres de foyer, mais se croisent, c'est-à-dire que celui de gauche est vu à droite et inversement. Voir marche des rayons fig. 17.

Or, si par une réfraction divergente nous parvenons à les ramener à l'écartement normal, 60 à 70 millimètres, leur fusion aura lieu immédiatement.

29) Supposons les deux cercles *a* et *b* fig. 18, à 20 millimètres l'un de l'autre. Au stéréoscope le cercle *a* passera à droite en *a*, le cercle *b* à gauche en *b* et aucune fusion ne sera possible. Retournons les lentilles sphéro-prismatiques *l l'* les bases en dedans, le cercle *b* sera réfracté en *b'* le cercle *a* en *a'* et les deux fusionneront ayant atteint l'écartement compris dans la limite normale.

Cette expérience devrait convaincre les partisans de la *superposition* (44), car il serait difficile de soutenir ici que les deux cercles fusionnent en se superposant du moment que la réfraction les éloigne l'un de l'autre au lieu de les rapprocher.

30) La fusion par la divergence trouve son application lorsque des deux yeux nous regardons une image quelconque à travers une loupe de grande dimension.

Réunissons les deux lentilles *l l'* (fig. 19), de façon à ne former qu'une seule et même loupe, l'œil droit verra le cercle O en *b* et l'œil gauche en *a*, les deux fusionneront pour les raisons indiquées ci-dessus.

Nous pourrons facilement nous en rendre compte en plaçant le petit instrument décrit § 54 (fig. 29), en *m n*, à une petite distance des yeux et en réglant son écartement pour qu'à travers les deux trous *e* et *d*, nous puissions voir le cercle O. Si à ce moment nous intercalons la loupe *l l'*, nous serons forcés d'écarter en même temps les deux trous en *e* et *f* pour voir les deux cercles réfractés l'un en *a* l'autre en *b*.

Nous pourrons encore placer un carton en *g h*, de façon à cacher entièrement le point O à nos yeux. Introduisons la lentille *l l'*, immédiatement nous verrons le point O réfracté en *a* et *b*.

LA FUSION PAR LE CROISEMENT

31) Plaçons à 3 centimètres environ des yeux, un carton *k l* (fig. 20), dans lequel nous aurons pratiqué deux trous *m n*, écartés de 5 centimètres, de façon à ce que l'œil droit puisse voir le cercle *c* placé à gauche et l'œil gauche le cercle *d* placé à droite, les deux écartés de 20 centimètres environ et éloignés de 60.

Si, par un effort assez pénible, nous dirigeons simultanément nos axes sur les cercles *c* et *d*, ceux-ci fusionneront instantanément et nous verrons en P une image virtuelle, dont les dimensions seront en rapport à l'éloignement et à l'écartement des deux cercles.

La fusion obtenue, si nous supprimons vivement le carton *k l*, nous continuerons à voir le cercle P, mais en même temps la rétine de l'œil droit sera impressionnée en *d'* par le cercle *d* et celle du gauche en *c'* par le cercle *c*, exactement le contraire de ce qui se produit pour la vision stéréoscopique ordinaire, où l'image de gauche x

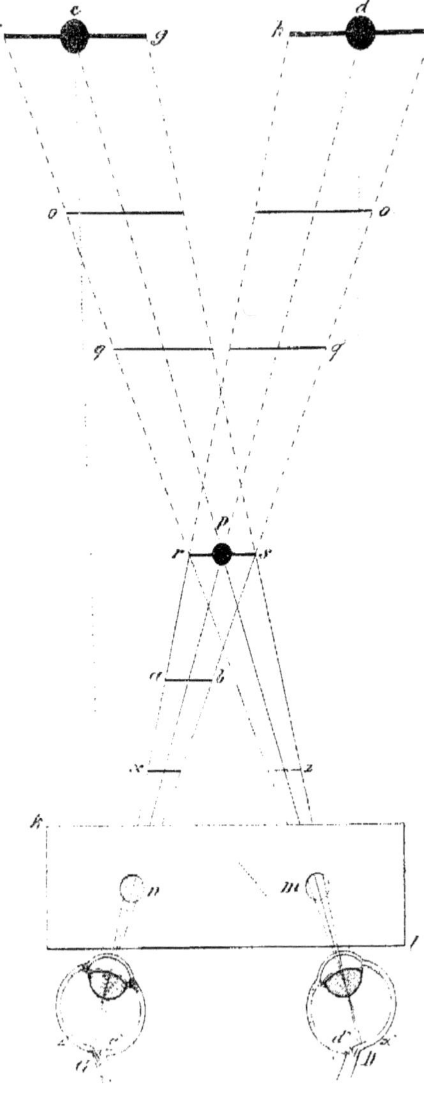

Fig. 29.

impressionnerait la rétine droite en x' et l'image droite z, celle de gauche en z' (6).

Pour habituer les yeux à obtenir cette fusion et forcer les axes à converger en P, nous n'aurons qu'à fixer un objet quelconque (un crayon) placé en ce point. Immédiatement il nous semblera voir les deux images se rapprocher et finalement fusionner.

On obtiendra aussi la fusion en supprimant le carton $k\,l$ et en plaçant un carton en P avec une ouverture correspondant à celle des cônes visuels à leur point de croisement.

32) Nous pourrons remplacer les deux cercles $c\,d$ par les deux tableaux d'un stéréogramme en intervertissant, bien entendu, leur position ordinaire, en plaçant à droite celui qui se trouve à gauche et inversement. L'image virtuelle qui se produit en P, entre les rayons Df, Dg et Gh, Gi, sera réduite et d'une netteté remarquable, elle aura les mêmes propriétés de relief que celles de la vision stéréoscopique ordinaire.

Il ne faudrait pas supposer que la fusion provienne du semblant de superposition des deux images que nous remarquons en P, car rien ne se produit en ce point. Elle a exactement lieu comme par la convergence et nous nous en rendrons facilement compte en plaçant l'image $h\,i$, réduite proportionnellement et non transparente en $a\,b$, qui fusionnera sans difficulté avec l'image $f\,g$, leur dimension sur les rétines étant dans les deux cas la même.

33) Si, dans la stéréoscopie ordinaire, la largeur des images ne doit pas dépasser 70 millimètres, dans la vision stéréoscopique croisée il n'y aura pas de limites. En conséquence nous ne serons pas astreints à réduire à de petits carrés les images que nous désirons voir en relief, nous pourrons nous servir de 13/18, 18/24, etc...

Une simple lunette de théâtre, modifiée de façon à pouvoir diriger les axes des deux tubes dans les directions des images, dans ce cas De, Gd, nous fournira l'appareil d'optique nécessaire pour obtenir la fusion.

34) Quelques physiologistes, se faisant une fausse idée de la « Fusion par le croisement », considèrent ce fait, si simple et si naturel, comme une chose extraordinaire, obtenue par des efforts des yeux tout à fait différents de ceux qu'exige la stéréoscopie ordinaire et l'appellent *Pseudoscopie* (fausse vision).

Nous allons démontrer que l'une est la conséquence naturelle de l'autre, qu'aucun changement de direction des axes optiques n'est nécessaire pour passer de la fusion stéréoscopique ordinaire à la fusion par le croisement et que dans les deux cas les images qui fusionnent sont des images réelles et non virtuelles, les images vraies, celles que nous voyons et non les projections de ces dernières.

35) Dirigeons les cônes visuels sur la ligne $r\,s$, ils se prolongeront en même temps derrière la ligne dans l'espace à une distance illimitée. Si, suivant les règles énoncées, nous traçons dans ces cônes les deux lignes r et s, celles-ci seront les images stéréoscopiques de la ligne rs; leur fusion, soit par la volonté, soit par les lentilles, nous donnera son impression. Les images r et s que nous fixons, sont réelles, car en fermant alternativement les yeux nous les voyons à travers les trous $m\,n$ du carton $k\,l$, aux places qu'elles occupent réellement, chose impossible si ces images étaient virtuelles et projetées à droite et à gauche de leur place normale (12).

Sans rien changer à la direction des axes, traçons les lignes r et s, en $a\,b$, qq, $f\,g$, $h\,i$, etc., leur fusion aura toujours lieu en P, au croisement des dits axes, où il nous semblera voir la ligne $r\,s$ toujours de la même grandeur.

36) Nous voyons par là, que, sans faire subir le moindre changement de direction aux axes optiques, nous pouvons passer successivement de la vision stéréoscopique ordinaire à la vision stéréoscopique croisée et inversement, que l'effort des yeux est le même pour les deux visions et que dans les deux cas les images que nous faisons fusionner sont des images réelles et non virtuelles. Nous les rendons parfois virtuelles au moyen de prismes, mais uniquement pour les ramener à l'écartement exigé par nos yeux et faciliter la fusion.

Les images secondaires qui se produisent sur les rétines lorsque nous cherchons à fusionner sans appareils, passeront des côtés externes $r\,s$, aux côtés internes $d'\,d'$, suivant que les images stéréoscopiques se trouvent en deçà ou au delà du croisement des axes. Nous les éviterons par l'interposition d'un corps opaque, dans ce cas le carton *k l* ; dans le stéréoscope la planchette qui sépare les deux images.

Le mot *Pseudoscopie* ne convient donc aucunement à la vision stéréoscopique croisée, il ne peut être appliqué qu'au faux relief qui se produit lorsque dans la stéréoscopie ordinaire nous plaçons l'image appartenant à l'œil gauche devant l'œil droit et inversement. Dans ce cas les homologues des plans avancés s'écartent et ceux du lointain se rapprochent intervertissant complètement les lois de la vision et nous verrons les premiers s'enfoncer dans les derniers (171).

FUSION SANS APPAREILS

37) Il est matériellement impossible de pouvoir étudier et surtout de pouvoir discuter la question stéréoscopique, si l'on n'a pas, au préalable, accoutumé les yeux à fusionner sans appareils, car seule cette façon de voir nous explique clairement tous les phénomènes qui en résultent.

L'habitude de converger nos axes optiques sur chaque point de l'objet que nous regardons nous oblige à un effort assez difficile à surmonter dès que nous voulons rendre chaque œil indépendant en le forçant à diriger son axe suivant une direction déterminée..

38) Regardons le point O (fig. 21), nos axes GO, DO, se croiseront exactement en O. Or, nous savons que tous les points qui se trouvent sur leurs parcours produisent sur nos rétines le même effet que le point O, nous n'aurons donc qu'à diriger l'axe de l'œil gauche sur A et celui du droit sur B, ou bien sur *c* et sur *d*, pour avoir l'illusion du point O. C'est précisément là que réside toute la difficulté.

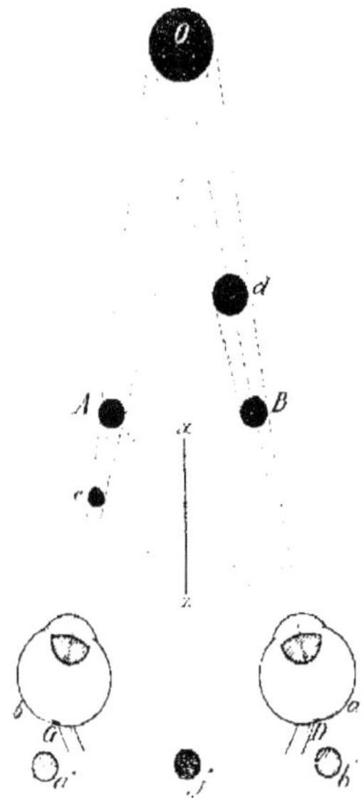

Si nous traçons sur un carton les deux cercles A et B, écartés de 60 millimètres environ, nos axes convergeront tantôt sur A, tantôt sur B, et il nous semblera impossible de pouvoir les regarder autrement. Nous y parviendrons par l'exercice et la patience. Le moyen le plus simple sera de placer devant soi, sur une table, deux pièces de monnaie, ou deux cercles de papier contre une fenêtre, écartés de deux centimètres environ et de les regarder jusqu'au moment où on en voit trois. Cela nous sera facile en cherchant à regarder plus loin dans la même direction, exactement comme si nous voulions regarder le cercle O. Nous les écarterons ensuite de plus en plus pour arriver insensiblement à un écart maximum de 7 centimètres de centre à centre. Au delà les cercles impressionneront les côtés internes des rétines, la divergence étant très limitée, la fusion deviendra impossible (10).

Dès que nous verrons trois cercles la fusion sera accomplie. Les deux cercles A et B se trouvant exactement sur les axes GO, DO, nous donneront l'illusion du cercle O ; mais en même temps le cercle A impressionnera en a la rétine de l'œil droit et le cercle B en b celle de l'œil gauche, et nous aurons devant nous les trois cercles $a'fb'$, dont f seul sera le résultat de la fusion, ainsi que nous l'avons déjà expliqué § 6

39) Si, au commencement de l'expérience nous voyons quatre cercles au lieu de trois, c'est que nos axes divergent plus que l'écartement des cercles ne l'exige.

Soient les deux cercles A et B à fusionner (fig. 22), admettant que l'effort produit par notre volonté dépasse celui nécessaire à leur fusion, nos axes se trou-

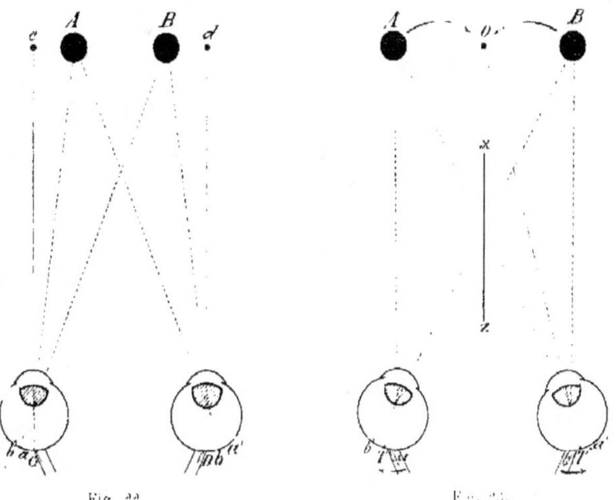

Fig. 22.   Fig. 23.

veront avoir les directions Gc, Dd. Par conséquent A impressionnera les deux rétines en a et a', et B en b et b', sur des points rétiniens non correspondants ; la fusion sera impossible et nous verrons quatre cercles. Elle aura lieu dès que nous aurons poussé les deux cercles des deux pièces en c et d, ou que nous aurons dirigé nos axes sur A et B.

Il ne peut être question ici d'aucune diplopie croisée, ni de projections d'images virtuelles, la fusion s'opère le plus naturellement du monde dès que les centres des images parviennent sur les centres des taches jaunes (60).

40) Arrivés au résultat désiré, souvent long à atteindre, nous pourrons obtenir la fusion de tout stéréogramme en séparant les deux images par un carton, ou simplement par notre main pour éviter d'en voir trois.

C'est avec une sorte d'hésitation que les images ont l'air de se rapprocher peu à peu et de se superposer enfin, mais il n'y a, à vrai dire, ni rapprochement ni superposition, il y a tout simplement effort des muscles pour faire diverger les axes contrairement à leur habitude et leur faire prendre les directions exigées par l'écartement des dites images.

Regardons à la distance de la vision distincte les deux cercles A et B (fig. 23), et fixons un point quelconque situé entre les deux, supposons le point O. En interceptant par un carton x z les rayons A a Bb', le cercle A impressionnera la rétine de l'œil gauche en a et le cercle B, celle de l'œil droit en b. Or, si nous voulons que chaque cercle impressionne le centre visuel de l'œil correspondant, chaque œil devra opérer un mouvement de divergence pour venir placer le centre de sa tache jaune (T T') en a et b. A mesure que la divergence se produit, les centres visuels T T' étant fixes sur les rétines, seules les impressions des cercles a et b changeront de place parcourant un chemin dans les directions indiquées par les flèches a T, b T'. L'inversion se produisant au dehors, il nous semblera voir les deux cercles A et B se diriger vers le point O et se superposer (se surcroiser ou se rapprocher suivant leur écartement).

Plus nous éloignerons le carton, plus les espaces aT, bT' diminueront sur les rétines facilitant ainsi l'effort demandé à nos yeux pour obtenir la fusion.

41) Avec un peu d'entraînement nous arrivons à fusionner des homologues (60) écartés même au delà de 70 millimètres. Nous avons pu constater un cas de divergence fusionnant sans appareils des homologues écartés de 172 millimètres à la distance de un mètre. Ce pouvoir de loucher en dehors nous paraît assez extraordinaire pour que nous ayons cru intéressant de le citer ici.

Incontestablement la place naturelle des images stéréoscopiques d'un objet A B, est en a b, a' b' (fig. 24). C'est ainsi que nous aurons l'illusion exacte de la nature sans efforts et sans fatigue. Mais par ce qui précède il est démontré que ces images peuvent aussi être écartées davantage et produire exactement la même fusion. Il est donc certain

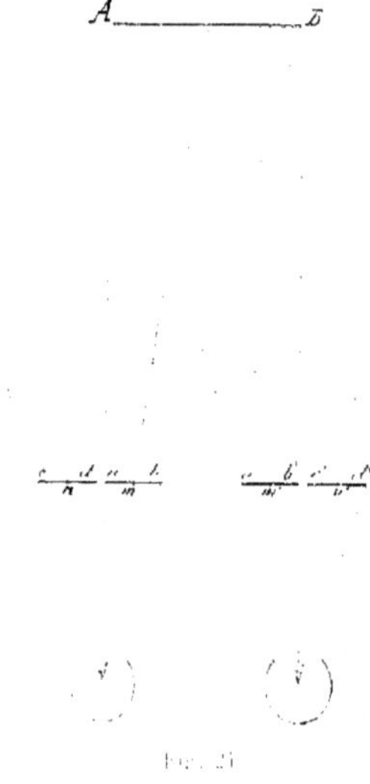

qu'il suffit, pour l'obtenir, de diriger nos axes sur deux points homologues quelconques des images, si c'est en convergent ou en divergent.

Que les images soient placées en ab, $a'b'$, ou en cd, $c'd'$, les points rétiniens impressionnés seront toujours les mêmes si chaque fois nos axes peuvent être dirigés sur les mêmes homologues. Dans les deux cas nous pourrons exercer une convergence sur les objets rapprochés et une divergence sur ceux éloignés.

Cette expérience détruit aussi la théorie de ceux qui prétendent que la fusion est due à la superposition des images, agrandies par les lentilles, à la place même où l'objet se trouve (45).

QUELQUES OPINIONS SUR LA VISION STÉRÉOSCOPIQUE

42) Après toutes les explications qui précèdent, nous croyons intéressant de placer ici quelques idées formulées par d'autres qui se sont occupés de la vision stéréoscopique et qui se refusent à assimiler simplement cette dernière à la vision normale.

M. H. Parinaud, dans son traité de *Stéréoscopie et projections visuelles*, nous dit :

« C'est encore une erreur en effet d'assimiler la vision stéréoscopique à la « vision binoculaire normale, la vision stéréoscopique est une vision binoculaire « anormale, impliquant une adaptation particulière de l'appareil visuel et un effort « cérébral dont tous les sujets ne sont pas également capables... et plus loin :

« Voilà donc le fait fondamental dont il faut se pénétrer : pour obtenir la vision « stéréoscopique il ne faut pas fixer les figures mais les regarder en plaçant les yeux « en état de divergence relative de manière à produire la diplopie et la production « de quatre images. Ces images ne sont autre que celles de la diplopie phy- « siologique que nous avons étudiée, ce sont des images virtuelles. »

Plus loin encore :

« Dans le stéréoscope à lentilles simples, on admet que les yeux étant en paral- « lélisme, les deux figures, ayant le même écartement que les yeux, vont former « chacune leur image dans la région maculaire, produisant le même effet que l'objet « qu'elles représentent, comparé à une grande distance et que la fusion des deux « images rétiniennes s'opère naturellement ainsi. C'est une nouvelle erreur qu'il « sera difficile de détruire par le simple raisonnement...

« Nous savons que dans la vision stéréoscopique ce ne sont pas les figures qui « sont fusionnées, mais des images virtuelles de ces figures, images virtuelles qui « sont des images cérébrales projetées dans l'espace... »

43) Sous le titre *Stéréoscopie Rationnelle* (*Photo-Revue*, 28 septembre 1902 et suiv.), le Dr Distor nous fait aussi part de ses découvertes, et voici comment il nous explique la théorie de la vision stéréoscopique :

« Supposons qu'avec un doigt nous empêchions un des yeux de converger et « voyons ce qui va se passer. En présentant une bougie on voit deux bougies, l'une

« vue par l'œil libre, occupe bien la place où elle est réellement, mais l'autre est
« virtuelle. Si c'est l'œil gauche qui a été retenu, l'image virtuelle est à droite de
« l'autre et inversement si c'est l'œil droit qui a été empêché, son image virtuelle
« passe à gauche de l'image réelle.

« Si au lieu d'une bougie on place un carton, le carton en entier sera déplacé.
« Si donc on louche en dehors c'est en dedans de l'image vraie que se trouve reportée
« l'image virtuelle. La diplopie est dite croisée.

« Supposons maintenant que, soit avec deux doigts, soit avec des prismes, on
« dévie les deux yeux en dehors d'une quantité égale et qu'au lieu d'une bougie on
« en présente deux en les plaçant soit directement, soit par tâtonnement dans les
« axes ou lignes de regard déviés, on verra une seule bougie au lieu de deux et les
« deux images virtuelles se superposeront. Si c'est un carton on n'en verra qu'un
« et les deux surfaces arriveront à se recouvrir complètement. C'est précisément ce
« qui se passe dans la stéréoscopie. On présente deux images, on supprime la con-
« vergence et immédiatement les deux champs visuels se superposent. Voilà un des
« points principaux de différence entre la vision normale et la vision stéréoscopique.
« J'ai dit que la surface des deux cartons se superposait, mais cela ne veut pas dire
« que les images se superposent. Il y a superposition des champs visuels et pas
« autre chose. »

Il nous semble que la double image que nous voyons en déplaçant légèrement
un œil n'a absolument rien de commun avec la vision stéréoscopique. Cela nous
démontre tout simplement, que si les deux axes ne convergent pas sur le même
point, chaque œil voit ce dernier pour son propre compte. La seconde bougie que
l'on voit dans l'expérience ci-dessus n'est pas virtuelle, c'est la bougie réelle vue par
l'œil déplacé. Nous n'avons qu'à fermer alternativement les yeux pour nous en
convaincre.

Plus loin il est dit :

« Il n'en va plus de même dans la stéréoscopie où l'on place devant les yeux
« deux images planes sur lesquelles la convergence et l'accommodation ne peuvent
« et ne doivent plus s'exercer. Le mécanisme de cette vision est donc différent de
« la vision binoculaire normale, le point capital qui les différencie résulte précisé-
« ment de cette suppression de la convergence, qui est remplacée par la vision à
« l'infini, alors que l'accommodation reste fixe. Je le répète, les axes des yeux sont
« parallèles dans la stéréoscopie et c'est précisément sur ce parallélisme qu'est
« basée l'explication physiologique de la vision stéréoscopique.

« Nous avons montré comment la déviation des deux yeux en dehors amenait
« la superposition des champs. Mais la suppression de la convergence amène aussi
« le relâchement de l'accommodation et nos yeux se trouvent dans la même situation
« que si on regardait à l'infini.

« On place à 15 centimètres devant les yeux deux champs sur lesquels sont im-
« primées les images. A cette distance les yeux devraient converger énergiquement,

« mais on les empêche de converger, soit par la volonté, soit par des prismes, soit
« par des miroirs associés. Comme dans le mécanisme de la diplopie chaque œil va
« reporter en dedans les rayons d'impression, de là la superposition des champs,
« car les yeux sont en divergence relative par rapport à la situation des images pré-
« sentées puisqu'on les oblige à rester parallèles au lieu de converger normalement
« et c'est comme s'ils louchaient légèrement en dehors... »

Nous laissons au lecteur le soin d'analyser ces différentes opinions et de juger
lui-même.

LA SUPERPOSITION

44) On a toujours eu la ferme conviction que les deux images d'un stéréogramme, réfractées par les lentilles, se rapprochaient l'une de l'autre jusqu'à complète
superposition, produisant ainsi leur fusion et le
relief que nous constatons au stéréoscope.

Le simple raisonnement, l'étude de la marche
des rayons à travers les lentilles (23), la fusion
par la divergence (28), la fusion sans appareils (27)
et une multitude d'autres expériences nous prouvent
l'inanité de cette supposition.

45) La superposition virtuelle des images à
la place même de l'objet réel est aussi inadmissible. Ce n'est pas de nos yeux que les rayons vont
à l'objet, mais bien de l'objet qu'ils viennent à nous.
Le stéréogramme étant, pour ainsi dire, l'arrêt de
ces rayons, c'est par lui que leur transmission se
fait sur nos rétines exactement comme s'ils arri-
vaient de l'objet lui-même. C'est la voie logique et
naturelle et nous ne voyons pas comment un retour
des rayons aurait lieu vers l'objet réel, du moment
que leur première marche vers nous nous donne
déjà son impression.

46) Presque tous les traités de physique, les
dictionnaires, les encyclopédies, reproduisent la
fig. 25, démontrant la *Superposition* des deux
images à quelques centimètres derrière le carton,
par une marche des rayons incompréhensible et
tout à fait fantaisiste.

Fig. 25.

Voici comment Ganot nous l'explique dans son Traité de physique : « Or les
« rayons partis de deux points homologues des images se réfractent à leur passage

« dans les lentilles et prennent les mêmes directions que s'ils étaient partis d'un
« point unique *i*. C'est donc là que se *superposent* les images virtuelles des dessins
« *a* et *b* et qu'apparaît l'objet avec un relief d'une fidélité parfaite. »

Admettant que les prismes produisent la réfraction indiquée, le point *a* sera vu
en *a'* et le point *b* en *b'*. L'écartement étant insuffisant pour obtenir la fusion, il y
aura croisement, au stéréoscope nous verrons le point *a'* en *c* et le point *b'* en *d*,
mais jamais la superposition des points en *e* ne pourra avoir lieu. La démonstration est absolument erronée.

47) L'expérience la plus convaincante consiste à percer deux trous, écartés
suivant l'échelle indiquée § 39, dans le carton du stéréogramme lui-même, placé dans
le stéréoscope, à travers lesquels nous verrons l'objet à la distance se rapportant à
chaque écartement. (La flamme d'une bougie remplacera l'objet, qui ne pourrait

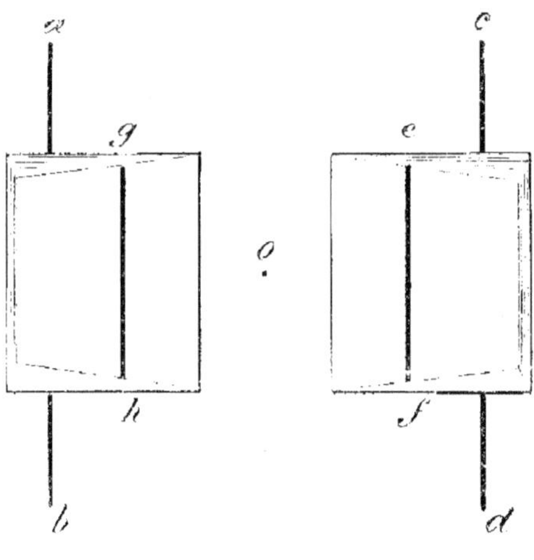

Fig. 26.

pas être vu à travers les lentilles.) Les deux trous fusionneront et nous verrons l'objet (la flamme) à travers un
seul (?).

48) Une autre expé-
rience est celle de produire
la fusion, soit par les lentilles, soit par la volonté, de
deux images placées à des
distances différentes et d'i-
négale grandeur, l'une en
4 × 5, l'autre en 18 × 24,
ainsi que nous le verrons plus
loin (150). Leur superposition sera matériellement impossible, mais la fusion aura
lieu.

49) Traçons deux lignes verticales *a b* et *c d* (fig. 26), espacées de 70 millimètres. Regardons-les à travers les lentilles sphéro-prismatiques du stéréoscope,
immédiatement elles fusionneront. Fermons l'œil gauche et regardons de l'œil droit
la ligne *c d*, simultanément à travers et par dessus la lentille, nous verrons exactement le déplacement qu'elle subit en *e f*. De même pour la ligne *a b*, qui sera ré-
fractée en *g h*, mais jamais leur réfraction n'atteindra le point O. Or, si nous regardons des deux yeux, rien ne sera changé à la réfraction des rayons, les lignes réfractées conserveront leurs places et leur superposition sera impossible. Comment
expliquerait-on la superposition par les lentilles ordinaires où semblable réfraction
n'a pas lieu ?

50) Nous pouvons nous convaincre que le rôle des lentilles n'est pas de superposer les images puisque par l'effort et la patience nous parvenons à fusionner des vues stéréoscopiques sans leur concours (38). Leur rôle est tout simplement de nous éviter cet effort en nous empêchant de converger sur le carton placé à 15 centi-mètres (68), en forçant nos axes optiques à prendre la direction du point O (fig. 2), en passant par les homologues *a* et *a'*.

Traçons deux cercles *a* et *b* (fig. 27), à 52 millimètres l'un de l'autre, séparons-les par un carton *c d*, long de 30 centimètres et pla-çons nos yeux en G et D. Ins-tantanément nous ne verrons qu'un seul cercle. Comment pour-rait-on soutenir que les deux cer-cles *a* et *b* se superposent du mo-ment qu'un œil ne voit rien de l'autre. Impossible parler ici de réfraction des rayons les lentilles étant supprimées.

Nous sommes donc forcés de conclure que la fusion est due

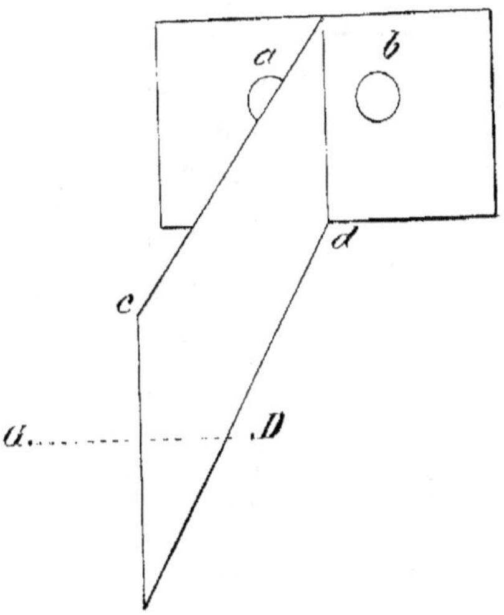

Fig. 27.

uniquement à *l'impression simultanée des mêmes points rétiniens*, qu'elle a exacte-ment lieu comme dans la vision ordinaire et que toute idée de superposition doit être écartée.

LE STÉRÉOGRAMME

51) Nous avons vu (3), que si nous interceptons par un plan quelconque les rayons de tous les points d'un objet allant à chacun de nos yeux et si nous traçons sur ce plan ses figures homothétiques, nous obtenons deux images, qui au stéréo-scope produisent sur nos rétines la même impression que celle produite par l'objet.

La réunion de ces deux images s'appelle le *Stéréogramme*, elle n'est pas arbi-traire, mais soumise à des règles exactes et précises ainsi que nous le verrons par la suite.

Nous pourrons obtenir ces deux images, soit par le dessin, soit par la photo-graphie. Dans le premier cas les règles de la perspective nous fournissent les indi-cations nécessaires pour leur construction. Dans le second, la chambre stéréosco-pique reproduira en *a'* et *b'* (fig. 28) les images que nous aurons ensuite à placer en *a* et *b*, exactement à la même distance et dans les mêmes angles visuels, pour que le prolongement des rayons de l'objet C, ne soient nullement déviés par leur interposition.

52) Un même stéréogramme, exécuté par plusieurs appareils de foyer différent et regardé dans le stéréoscope de foyer correspondant à chaque appareil, doit nous donner exactement la même impression, c'est-à-dire celle de la grandeur naturelle des objets. En effet que nous coupions les rayons venant à nos yeux par un plan placé en d, e ou f, les images produites sur les rétines auront toujours la même dimension.

Nous pouvons facilement contrôler cela en regardant avec l'œil gauche l'image droite dans le stéréoscope, pendant que l'œil droit voit l'objet réel placé à la distance à laquelle il a été photographié. Les deux nous paraîtront de la même grandeur.

53) Ainsi que nous l'avons expliqué, nous obtiendrons la fusion des images, soit sans appareils à la distance de la vision distincte (25-30 centimètres), soit en plaçant le stéréogramme derrière des lentilles à une distance variant suivant leur foyer et en rapport avec la chambre noire qui l'a produit.

Pour établir des données précises, nous prendrons la distance de 30 centimètres pour base de la vision distincte et celle de 15 pour base de la vision stéréoscopique. L'écartement des yeux variant suivant les individus, nous adopterons comme base celui de 70 millimètres, qui fixera en même temps la plus grande largeur que nous pourrons donner à chaque tableau du stéréogramme.

54) Pour connaître exactement l'écartement interpupillaire, nous n'aurons qu'à percer deux trous d'un demi-millimètre environ dans deux cartons différents, pliés de façon à pouvoir glisser l'un sur

l'autre à volonté et sur l'un desquels nous tracerons une échelle, ainsi que le montre la fig. 29.

Si à travers les deux trous a et b, nous regardons un objet très éloigné, le soleil, la lune, une étoile, nous pourrons considérer nos axes comme étant parallèles et l'échelle nous indiquera leur écartement.

Celui-ci varie entre 56 et 70 millimètres pour les adultes. Or, comme il nous est possible de fusionner des points écartés de 70 et même 75 millimètres, il est évident que nos axes peuvent légèrement diverger (41), et, sauf quelques rares exceptions, il nous sera permis d'admettre l'écartement de 70 millimètres, pour les points homologues situés à l'infini, comme celui convenant à tous les yeux. On comprendra que c'est imposer à nos muscles un effort inutile, celui de les obliger à fusionner des homologues écartés de 80 millimètres et plus comme certains le prétendent.

55) La hauteur du stéréogramme étant limitée par l'ouverture de l'angle visuel qui atteint 60 centimètres environ à la distance de la vision distincte, nous pourrons lui donner cette dimension s'il est destiné à être vu à 30 centimètres et fusionné sans appareils. Pour celui vu au stéréoscope de 15 centimètres de foyer, le maximum de hauteur sera limité par la déformation des lignes produite par les lentilles et ne pourra dépasser 10 à 12 centimètres (163).

56) Si nous considérons les deux tableaux du stéréogramme, non comme une surface solide, mais comme le plan de l'espace situé à l'infini, tous les points homologues formant ces deux surfaces étant écartés de 70 millimètres, leur fusion, soit par la vue ordinaire, soit par le stéréoscope, nous donnera l'impression de l'infini.

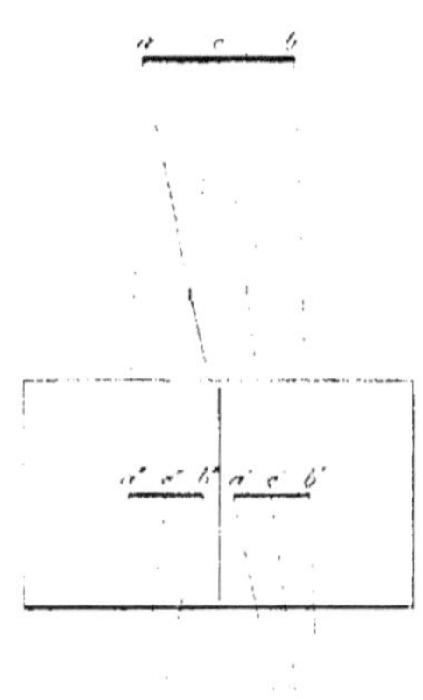

Pour placer dans cet espace un point, une ligne, un corps quelconque, il faudra se conformer à certaines règles que nous allons nous efforcer d'établir dans les paragraphes qui suivent.

LES
POINTS HOMOLOGUES

57) Les mêmes points des deux images du stéréogramme, qui correspondent au point de l'objet qu'elles représentent, s'appellent les *Points homologues*. Ainsi a' sera l'homologue de a''

Fig. 30.

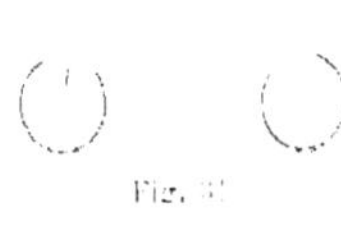

Fig. 31.

parce qu'il correspond au point a, b' de b'' correspondant à b, c' de c'' correspondant à c,... etc. (fig. 30).

Il est évident que toute sensation de près ou de loin doit nous être donnée par la place que ceux-ci occupent sur les deux tableaux du stéréogramme. Les rayons issus des points éloignés perceront les tableaux avec un écartement supérieur à celui des rayons émis par les points plus rapprochés.

Un carton placé à 30 centimètres (fig. 31), interceptera les rayons d'un point O en *a* et *b*. Si le point est plus rapproché, en P par exemple, l'intersection aura lieu en *c* et *d*, l'écartement sera moindre.

58) Pour des stéréogrammes destinés à être regardés directement sans lentilles à la distance de la vision distincte (30 centimètres), les points homologues seront écartés de :

35 — mm. si l'objet se trouve à	0m60
49 —	1 —
56 —	1 50
61 60	2 50
65 80	5 —
67 90	10 —
69 16	25 —
69 58	50 —
69 79	100 —
69 89	200 —
69 95	500 —
69 97	1.000 —

59) Le stéréogramme destiné au stéréoscope devra être vu à la distance correspondant au foyer de la chambre noire qui l'a produit.

Placé à 15 centimètres, l'image obtenue par l'intersection des rayons sera plus petite et l'écartement des points homologues augmentera en proportion.

Nous aurons la progression suivante :

52 50 si l'objet se trouve à	0m60
59 50	1 —
63 —	1 50
65 80	2 50
66 50	3 —
67 30	3 90
67 90	5
68 60	7 50
68 95	10 —
69 58	25 —
69 79	30 —

69 89 si l'objet se trouve à		100-50
69 94 —	—	200 --
69 98 ---	...	500 —
69 99 --	--	1.000 —

ainsi de suite, en remarquant que plus nous approchons de l'écart naturel des yeux, dans ce cas 70 millimètres, plus la convergence diminue, sans que jamais le parallélisme des axes puisse être atteint.

Si donc un écartement de 70 nous donne la sensation de l'infini, plus cet écart diminuera plus les objets nous paraîtront rapprochés.

Le plus grand angle de fusion aura sur le stéréogramme une ouverture de 69,999... et le plus petit une de 52,50. Le sommet du premier se trouvera à l'infini, celui du second à 60 centimètres.

LIMITE D'ÉCARTEMENT DES POINTS HOMOLOGUES

60) Traçons un cercle de un centimètre de diamètre sur deux cartons, sur la même ligne horizontale. Introduisons-les dans un stéréoscope de 15 centimètres de foyer et considérons les effets produits sur nos rétines par le déplacement successif des deux cercles, soit en les rapprochant, soit en les écartant (fig. 32).

Placés en *a b*, à 70 millimètres l'un de l'autre, leur fusion sera instantanée, leurs impressions arrivant sur les centres visuels, ou pour mieux dire, nos axes pouvant être dirigés directement sur eux. Si nous les écartons davantage, la divergence des yeux étant limitée (41), les cercles impressionneront les parties internes des rétines et chaque œil verra son cercle séparément (10).

Fig. 32.

Rapprochons-les lentement, nos axes suivront leurs mouvements, mais si nous dépassons les points *c* et *d*, écartés d'environ 52 mm. 50, nous verrons les deux cercles se surcroiser, celui de gauche passera à droite et inversement, preuve évidente qu'ils ont quitté les centres visuels pour passer sur les côtés opposés des rétines, nos yeux ne pouvant converger davantage.

Il en résulte que la présence des lentilles empêche nos axes de parcourir un chemin supérieur à celui limité par les points *a c* et *b d*. Or, *a* et *b*, écartés de

70 millimètres correspondant à l'infini et c et d, écartés de 52,50, à une distance de 60 centimètres, ces deux écartements limiteront la fusion stéréoscopique des stéréogrammes obtenus avec un foyer de 15 centimètres.

61) Nos axes étant dirigés sur les points a et b, les points c et d frappent les rétines sur les côtés opposés en c' et d' et par conséquent sont vus doubles. De même pour les points a et b, si nous fixons les points c et d. Pour diminuer autant que possible l'effet désagréable de ces doubles visions, il faudra que nous réduisions aussi les déplacements des axes de a à c et de b à d, en évitant de placer sur le même stéréogramme des objets situés à 60 centimètres et d'autres à l'infini.

Nous pourrons donc établir comme base, que pour avoir au stéréoscope une fusion convenable, sans doubles figures gênantes, la différence d'écartement entre les homologues des premiers plans et ceux des derniers, ne devra pas excéder 4 à 5 millimètres, à ces conditions l'harmonie entre la fusion et le relief sera parfaite (105).

62) En considérant les deux positions extrêmes limitant la fusion stéréoscopique, nous pourrons nous rendre exactement compte combien est minime le déplacement du centre visuel lorsqu'il s'agit de regarder un objet placé à l'infini et un autre à 60 centimètres. Il est à peine de 3 4 de millimètre, ce qui nous laisse supposer que le centre de vision (ou tout autre point rétinien), se réduit à une surface extrêmement petite, évaluée à environ 0,0025 millimètres, car, même avec la différence d'écartement de 4 à 5 mil-

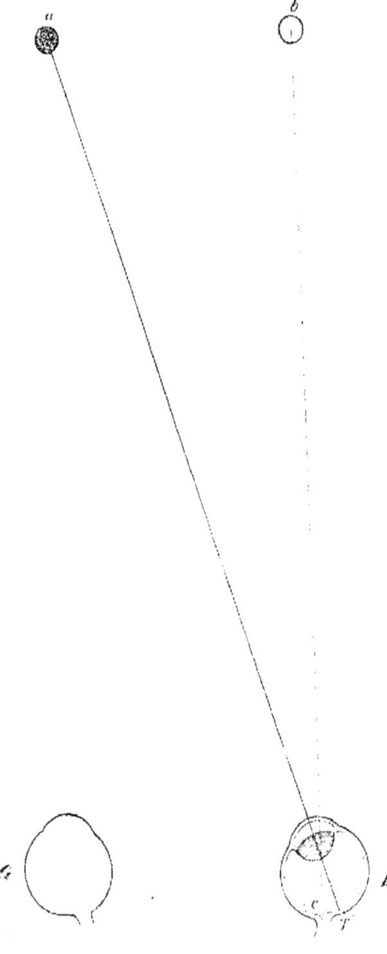

Fig. 33.

limètres indiquée ci-dessus, qui limiterait le déplacement du centre à 1 6 de millimètre, nous constatons encore des doubles figures.

LE POINT AVEUGLE

63) Nous avons tous, plus ou moins, entendu parler du *point aveugle*, c'est-à-
dire de l'endroit où le nerf optique pénètre dans l'œil et où, la rétine n'étant pas
encore constituée, la vision y est impossible.

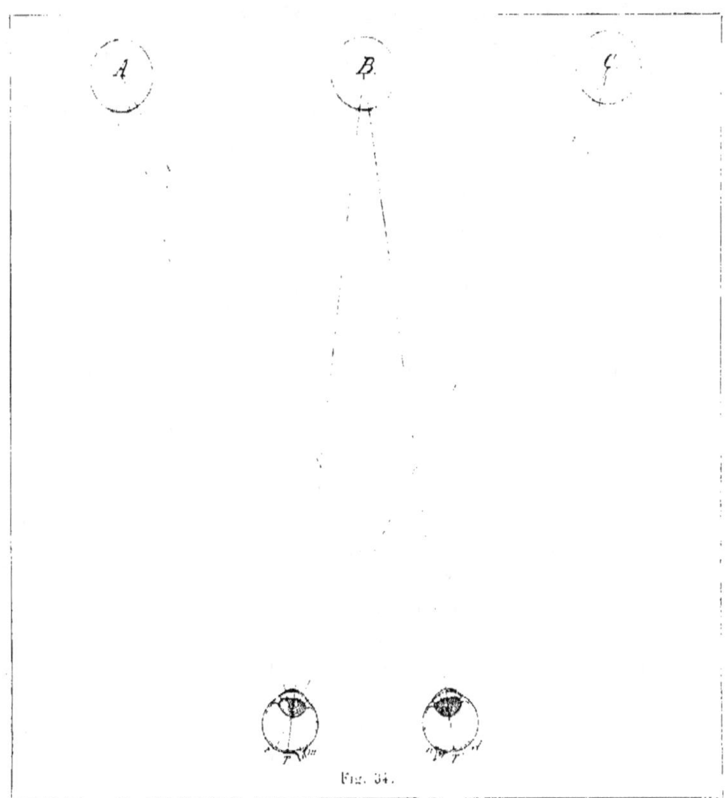

Fig. 34.

Mariotte a le premier remarqué que ce point ne recevait aucune impression et
l'a démontré en plaçant devant nos yeux deux cercles écartés de 7 à 8 centimètres
(fig. 33).

Si, à une certaine distance, en fermant l'œil gauche, nous regardons le cercle gauche avec l'œil droit, le cercle droit disparaîtra complètement. L'œil D, ayant son axe tourné vers le cercle *a*, les rayons du cercle *b* tomberont en *c*, sur le point aveugle et le cercle ne sera pas perçu.

64) Nous ne croyons pas que l'on soit allé plus loin dans la recherche des conséquences de ce phénomène. Peu ont, sans doute, remarqué que si, à la distance de la vision distincte nous plaçons trois pièces de monnaie, supposons A, B, C (fig. 34), écartées de 11 centimètres l'une de l'autre, et nous fixons notre regard sur celle du milieu B, la pièce de droite C est vue par l'œil gauche seulement, et celle de gauche A, par l'œil droit. Les axes se croisant en B, nos yeux tournés dans cette direction présenteront leurs points aveugles *m n*, aux pièces A et C, qui seront vues chacune par l'œil opposé en *c* et *d*.

Continuellement, même aux plus grandes distances, nous subissons les effets de ce phénomène qui, grâce au concours de l'autre œil, passent toujours inaperçus. Si

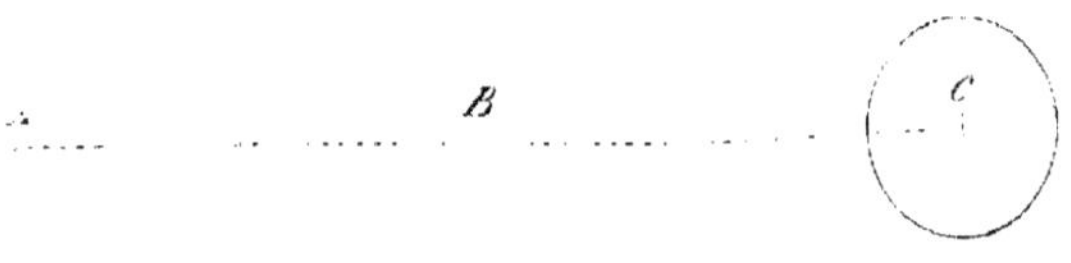

Fig. 34

nous nous plaçons au milieu d'une route et que de l'œil droit seulement nous fixions un arbre, un objet quelconque à gauche en dehors de la route, celle-ci disparaîtra complètement devant nous, tout le faisceau de ses rayons arrivant sur le point aveugle.

Si à un kilomètre de distance nous observons trois maisons convenablement espacées et fixons notre regard sur celle du milieu, le résultat sera le même que pour les trois pièces A B C. Nous verrons la maison de gauche avec l'œil droit et celle de droite avec l'œil gauche.

Cela contredit l'opinion de quelques physiologistes qui prétendent qu'à une certaine distance les effets du point aveugle ne sont plus perceptibles parce que les rayons qui l'entourent concourent à remplir le vide. L'expérience prouve absolument le contraire.

65) En déplaçant la pièce C (fig. 35), dans le sens horizontal et en marquant les deux points interne et externe où elle commence à redevenir visible, nous constatons qu'elle peut parcourir, sans être vue, un espace de 4 cm. 1 2, diamètre du cercle invisible à la distance de 30 centimètres.

Par le calcul nous trouvons que le diamètre du point aveugle doit être d'environ 3 millimètres et la distance de son centre au centre de vision (tache jaune) de 4 millimètres.

66) Au stéréoscope le « point aveugle » peut nous servir à contrôler la limite interne de la fusion (60), et l'impossibilité de converger sur un point quelconque du stéréogramme.

Supposons le cercle O (fig. 36), tracé au milieu d'un stéréogramme. Si, de l'œil droit seulement, nous fixons à travers la lentille du stéréoscope la moitié qui nous est visible, un second cercle b, tracé à 3 cm. 1 2 du premier, disparaîtra complètement

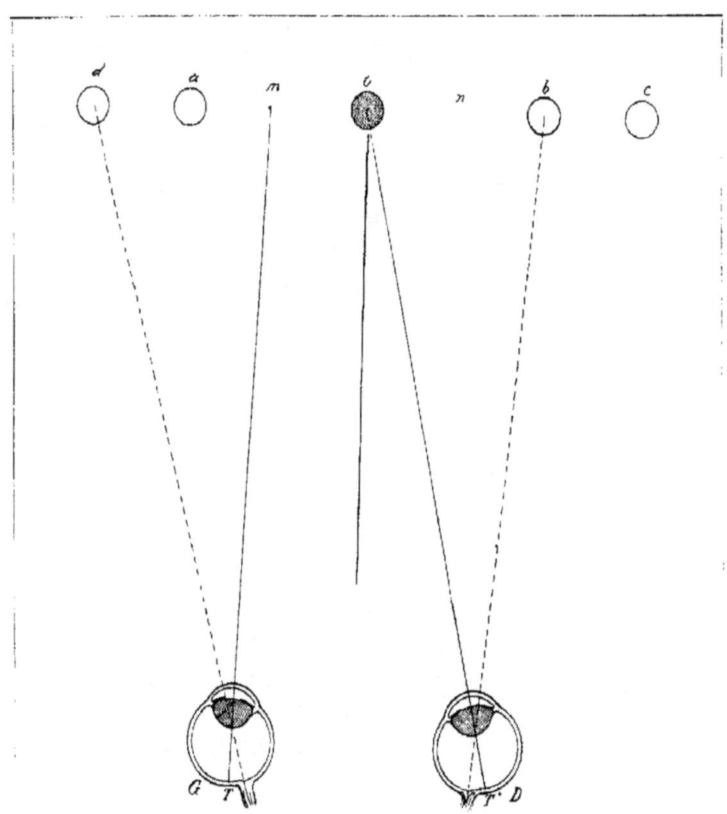

Fig. 36.

ses rayons arrivant sur le point aveugle. De même pour l'œil gauche. Or, si nous voulons obtenir le même résultat en regardant avec les deux yeux, il nous sera absolument impossible de faire converger les axes sur le cercle O de façon à rendre les deux cercles *a* et *b* invisibles. Ils prendront les directions G*m*, D*n*, avec un écart sur le stéréogramme de 52 mm. 50 et les deux cercles *a*, *b*, redeviendront visibles.

Il nous sera facile de vérifier l'exactitude de cet écart sachant qu'à l'inclinaison des axes G*m*, D*n*, doivent correspondre des points invisibles à 55 millimètres en *c* et *d*.

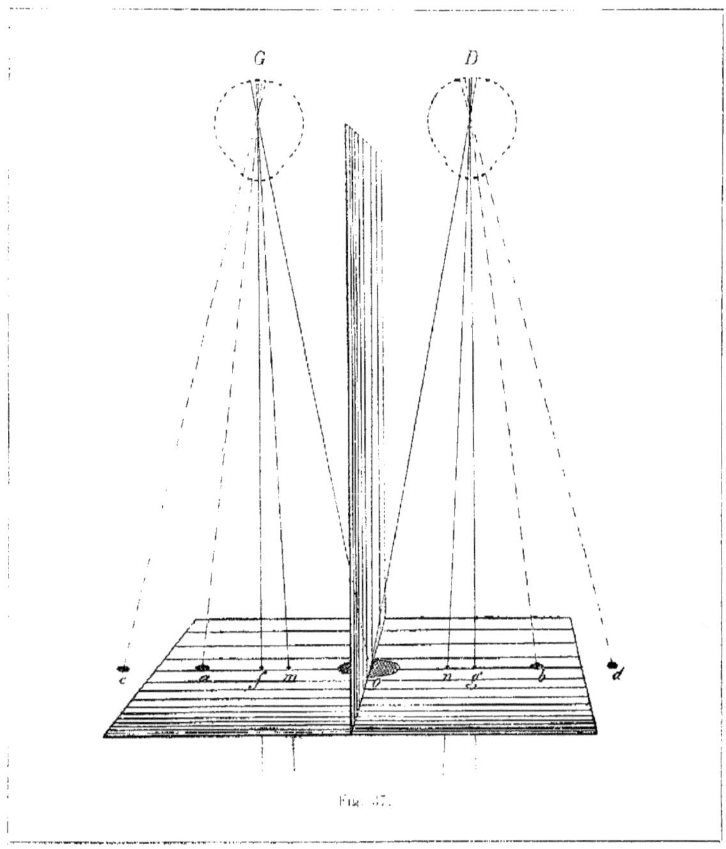

Fig. 37.

67) Sans lentilles nous aurons le même résultat. A 15 centimètres nous pourrons parfaitement converger sur le cercle O (fig. 37), et les deux cercles *a* et *b* deviendront invisibles. Or, si nous écartons nos axes pour chercher plus loin un point de rencontre, les cercles *a* et *b* deviendront visibles, pendant que les deux moitiés du cercle O impressionneront les côtés opposés des rétines, produisant l'effet expliqué § 7.

En même temps deux points *m n*, écartés de 52 mm. 50, fusionneront, faisant disparaître deux cercles *c d*, placés à 55 millimètres des points *m n*, confirmant ainsi ce qui a été dit pour le stéréoscope.

68) A travers les lentilles il nous sera impossible de converger sur le carton comme c'est le cas pour les axes GO, DO. Nos axes seront dirigés instantanément dans les directions G*m*, D*n*, pour les objets placés à 60 centimètres et G*f*, D*g*, pour ceux placés à l'infini. L'espace limité entre la divergence et la convergence est d'environ 9 millimètres pour un stéréogramme placé à 15 centimètres.

69) Si nous pouvons indiquer par le stéréoscope la place exacte du point aveugle, nous pourrons aussi préciser celle de toute lésion sur la rétine. Un point noir que nous promènerons dans tous les sens sur l'un ou l'autre des champs du stéréoscope, peudant que nos axes fixent les centres de chaque champ, deviendra invisible dès que ses rayons frapperont une partie lésée de la rétine.

70) Il nous sera facile de constater aussi le degré de visibilité de chaque œil en coupant, par exemple, un article de journal de 7 centimètres carrés, horizontalement par le milieu et en plaçant une moitié en haut dans le champ de gauche et l'autre en bas dans celui de droite. La fusion des deux champs remettant l'article à l'état primitif, nous verrons la moitié supérieure avec l'œil gauche et l'inférieure avec l'œil droit, ce qui nous permettra d'établir des comparaisons.

INDÉPENDANCE DE VISION DE CHAQUE POINT RÉTINIEN

71) Traçons sur un stéréogramme les deux cercles O O' (fig. 38), écartés de

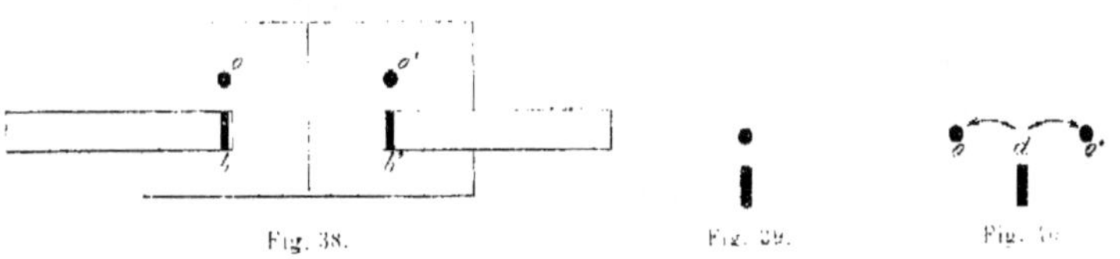

Fig. 38. Fig. 39. Fig. 40.

70 millimètres, et aux extrémités de deux bandes de papier, les deux lignes *b b*, que nous placerons exactement au-dessous des deux cercles. Introduisons le tout dans le stéréoscope, la fusion aura lieu et nous verrons la fig. 39.

Poussons lentement les deux bandes de papier l'une vers l'autre en fixant du regard les deux lignes *b b*. La fusion persistera pour celles-ci tant que les axes pourront les suivre, mais elle cessera pour les cercles *o o'*, qui sembleront s'écarter successivement dans les directions *do*, *do'* et nous aurons devant nous la fig. 40.

72) Que s'est-il passé sur les rétines ? A mesure que les deux bandes *b b* (fig. 41), sont poussées l'une vers l'autre, la ligne réelle B qu'elles représentent s'approchera de nous augmentant ainsi la distance B O projetée sur nos rétines en *a c*, *a' c'*, produisant en *c c'* les doubles figures du point O. Les axes, en suivant les déplacements des lignes *b b'*, conservent leur fusion. Les cercles *o o'*, immobiles sur le stéréogramme, parcourent sur les rétines les chemins *a c*, *a' c'*, impressionnant sur leur passage une série de points rétiniens non correspondants et chaque œil voit le cercle pour son propre compte.

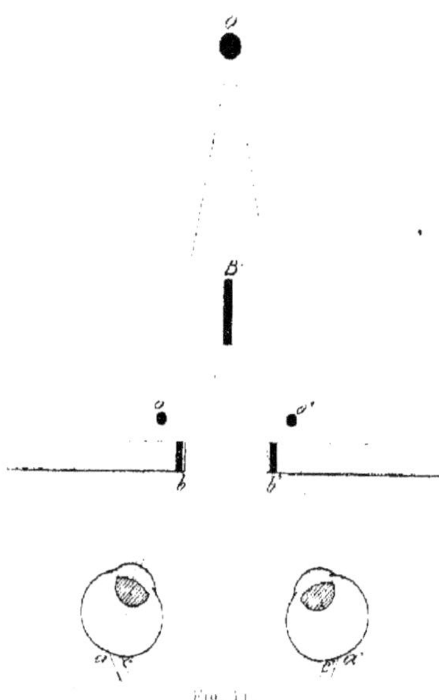

Fig. 41.

Il est donc évident que si ces deux cercles ne peuvent fusionner malgré leur écartement de 70 millimètres, les points rétiniens qu'ils impressionnent n'ont aucune communication entre eux. Ceci est encore confirmé par le fait que le plus petit déplacement de l'un des deux cercles *o o'*, dans le sens de la hauteur, rend toute fusion impossible. Il faut donc aussi la parfaite horizontalité des homologues pour que les points rétiniens correspondants soient impressionnés simultanément.

Ces expériences nous montrent l'indépendance absolue de chaque point rétinien, formant chacun, pour ainsi dire, un œil spécial, voyant seulement ce qui se trouve sur son axe, indépendamment de ce qui est à côté.

En combinant les déplacements des différents cercles dans le stéréoscope, nous pourrons augmenter le nombre d'expériences, qui toutes aboutiront au même résultat.

73) L'indépendance de vision de chaque point rétinien doit forcément avoir pour conséquence l'indépendance de vision de chaque œil toutes les fois que les images produites sur les rétines n'impressionnent pas des points rétiniens correspondants, ou bien si ces points sont impressionnés par des images différentes (19).

Plaçons au milieu du carré gauche du stéréoscope une pièce de 5 francs en argent et une de 10 francs dans celui de droite. La fusion des champs nous montrera les deux pièces l'une sur l'autre, elles se confondront et chacune paraîtra alternativement avec plus ou moins de netteté, suivant que nous porterons notre regard et notre attention plutôt sur l'une que sur l'autre, ou suivant que l'un des yeux voit mieux que l'autre.

Si nous remplaçons les deux pièces par deux cercles, l'un teinté en bleu, l'autre en jaune, la fusion ne produira pas le vert, mais chaque œil verra tantôt le jaune, tantôt le bleu.

74) Traçons au milieu du stéréogramme un cercle (fig. 42), dans lequel nous inscrirons 1 à gauche et 2 à droite. La convergence des axes étant limitée par les points $a\ b$ (66), chaque moitié de cercle impressionnera respectivement sa rétine en

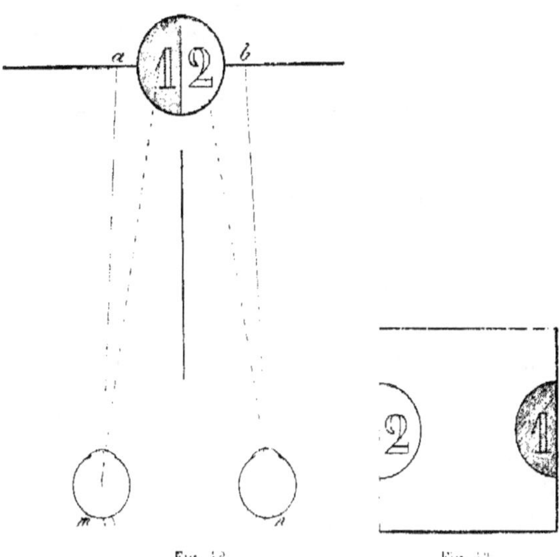

Fig. 42.   Fig. 43.

m et n, sur des points rétiniens non correspondants. La fusion des champs ayant lieu, l'œil droit verra la moitié du cercle avec le 2 à gauche et le gauche l'autre moitié avec le 1 à droite (fig. 43). C'est à cause de la planchette du stéréoscope que nous voyons deux moitiés de cercle. Supprimons-la et chaque œil verra le cercle en entier, le droit à gauche, le gauche à droite, expérience expliquée § 7.

Si nous remplaçons le cercle par une pièce de 5 francs en argent côté face, l'œil droit verra le derrière de la tête à gauche et l'œil gauche le profil à droite.

75) Regardons dans le stéréoscope deux pièces de monnaie, l'une placée en a (fig. 44), l'autre en b. La fusion des champs nous fera voir la pièce a en b et la pièce b en a, pour les raisons expliquées ci-dessus.

Si, par contre, nous poussons les deux pièces aux deux extrémités, en *a* et *b*
(fig. 45), chaque pièce sera vue à la place qu'elle occupe réellement.

76) Si nous résumons sur un seul stéréogramme les différentes expériences
décrites aux §§ 5, 7, 8, 10, nous pourrons nous convaincre de leur exactitude.

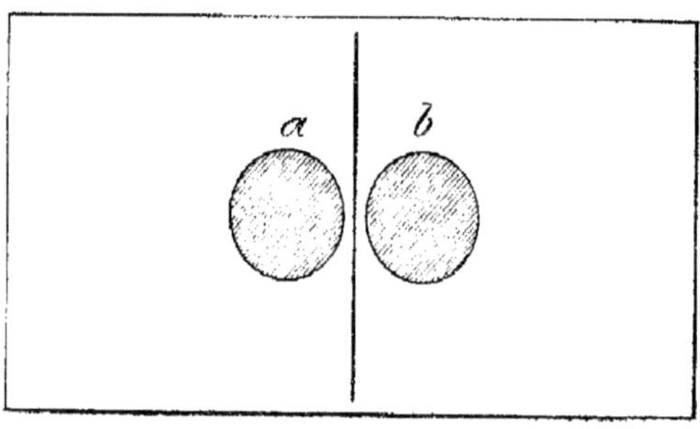

Fig. 44.

Dessinons les deux carrés *a* et *a'* (fig. 44), écartés de 68 millimètres, plaçons

Fig. 45.

en *b* un carré au milieu du stéréogramme, en *c c'* deux carrés écartés de 40 millimètres et en *d d'* deux autres écartés de 120 millimètres. Introduisons le tout dans
le stéréoscope, nous verrons la fig. 47. *b* sera vu double à chaque extrémité du
tableau, *c* passera à droite et *c'* à gauche, enfin *d d'* conserveront leurs côtés en se
rapprochant, parcourant le même chemin que les carrés *a a'* qui seuls fusionneront
ayant l'écartement exigé par nos yeux.

77) Quelques physiologistes ont donné aux effets si simples et si naturels
énumérés ci-dessus, les noms pompeux de *fausse extériorisation*, de *tromperie
du cerveau*, de *diplopie croisée* et tant d'autres encore, convaincus qu'ils étaient
que nos yeux subissaient des déviations extraordinaires par le seul fait de se trouver
en face de deux lentilles, ne comprenant pas que le rôle de celles-ci est uniquement

de nous empêcher de converger sur le stéréogramme (50), pour que sans efforts, chaque rétine puisse recevoir l'impression de l'image qui lui appartient.

Il est donc certain qu'en regardant un stéréogramme dans le stéréoscope, notre

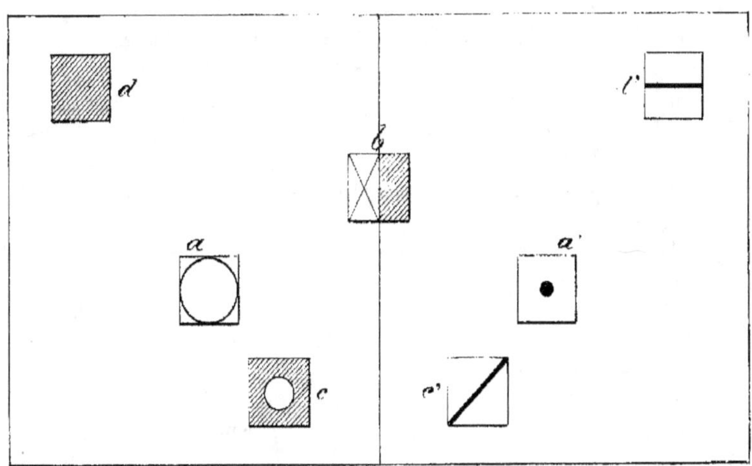

Fig. 46.

cerveau n'est pas trompé, qu'aucun croisement de rayons n'a lieu entre le stéréogramme et les lentilles, que rien ne se forme par devant nous, ni superposition, ni confusion, ni mélange d'images d'aucune sorte. Les rayons de l'objet photographié, interrompus par le carton, sont repris sur celui-ci et arrivent sur les rétines produisant exactement la même impression.

Nous avons expliqué § 41 comment ces impressions pouvaient ne pas dépendre de la convergence et comment la fusion pouvait avoir lieu, même si les points de vue avaient un écartement supérieur ou inférieur à celui des yeux. L'ensemble du sujet nous

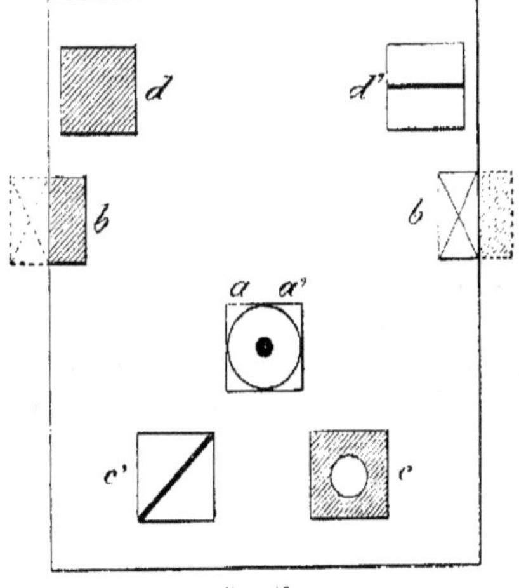

Fig. 47.

paraîtra plus ou moins éloigné suivant que les images seront plus ou moins écartées.

LE RELIEF

LE RELIEF BINOCULAIRE ET LE RELIEF STÉRÉOSCOPIQUE

78) De nombreux facteurs contribuent, sans doute, à nous donner la sensation du relief dans la vision réelle, nous nous occuperons ici seulement des deux principaux :

1° La *convergence*, c'est-à-dire l'angle formé par les axes des yeux lorsque nous fixons un point (116).

2° Les *doubles figures* produites sur nos rétines par les objets qui entourent le point que nous fixons (7, 8, 16).

Il est évident que, sans aucun terme de comparaison, toute notion de distance et toute sensation de relief disparaissent. Dans le brouillard, nous croyons les objets encore loin lorsque nous en sommes très près. Par un ciel pur, une mouche au-dessus de notre tête nous donne l'illusion d'un oiseau très éloigné. Bien d'autres

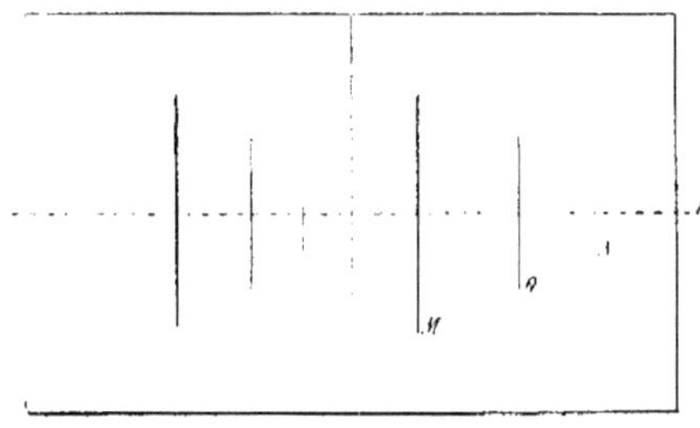

exemples pourraient être cités pour prouver combien il est difficile d'apprécier les distances et les dimensions des objets dans l'espace et que, pour les déterminer approximativement, il faut pouvoir établir des comparaisons.

79) Le stéréoscope nous montrera l'importance des deux facteurs principaux, que nous

Fig. 18.

démontrerons en prenant comme point de départ la fig. 15, en admettant que les trois cercles O, M, N, soient remplacés par trois poteaux.

Plaçons sur un stéréogramme (fig. 48) le poteau O seulement. Au stéréoscope la fusion aura lieu, mais nous n'aurons aucune idée de sa distance, tout point de comparaison faisant défaut. Si, suivant les règles énoncées §§ 59 et 110, nous en plaçons un autre plus rapproché en M et un troisième plus éloigné en N, au stéréoscope nous les verrons tous les trois s'espacer et nous donner la notion exacte de la place qu'ils occupent l'un par rapport à l'autre.

Or, si nous fixons un des trois poteaux, nous verrons paraître les doubles figures des deux que nous ne fixons pas. En regardant le poteau O, nous verrons, en fermant alternativement les yeux, celles du poteau M, sur la ligne d'horizon H, et sur la même ligne nous verrons aussi les deux du poteau N. En dirigeant nos axes sur N, nous verrons les doubles figures de M et de O, et sur M celles de O et N. Dans ce cas particulier, nous pourrons aussi remarquer qu'en fixant le poteau M, le poteau N sera vu par l'œil gauche seulement, le droit recevant son impression sur le point aveugle (63).

Les seuls points du stéréogramme exempts de doubles figures sont, comme dans la vision ordinaire, ceux qui se trouvent dans le plan du point que nous fixons (16, 81).

80) Nous pouvons donc conclure que : *toute sensation de relief et de creux, de près et de loin, nous est donnée par l'impossibilité de fusionner simultanément un point plus rapproché, ou un plus éloigné que celui que nous fixons.* Leurs impressions arrivant sur des points rétiniens non correspondants, nous les verrons doubles, par conséquent flous. Ce flou se produira avec plus ou moins d'intensité suivant leur distance, isolant ceux du plan que nous fixons, les détachant, pour ainsi dire, de tout ce qui les entoure.

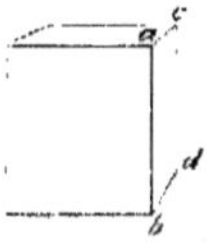

Pour petit qu'un objet soit, placé même à une grande distance, nous ne pourrons fixer qu'un de ses points à la fois, tous les autres le composant, situés sur des plans différents, seront vus doubles. Un cube sera vu en relief uniquement parce qu'en fixant l'arête a b

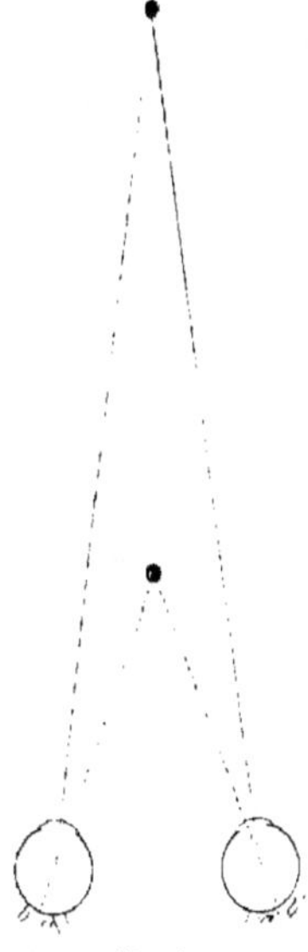
Fig. 49.

(fig. 49), nous verrons double l'arête c d et inversement. Tous les points qui se trouvent sur ses faces fuyantes seront dans le même cas, peu importe celui que nous fixons. Aucun autre facteur ne sera nécessaire pour constater le relief. Plus les premiers plans seront près et les objets espacés entre eux dans le sens de la profondeur, plus les écarts a b, a' b' (fig. 50) des impressions sur les rétines seront considérables et le relief accentué. Le lointain, privé de premiers plans, nous paraîtra sans relief, les doubles figures étant à peine perceptibles.

81) Ce qui a pu faire supposer que le relief en stéréoscopie était dû au croisement des axes qui se fait en avant ou en arrière du plan du stéréogramme, se rapporte, sans doute, à l'explication que nous avons donnée § 16, où réellement il existe un croisement en avant et un en arrière, mais toujours par rapport à un point fixé et non à l'infini.

Nous constaterons ce croisement si nous superposons les deux images d'un stéréogramme en fixant le point commun sur le plan moyen. Tous les homologues des plans antérieurs se surcroiseront, comme c'est le cas pour les points a et b (fig. 51), par rapport au point M, et les homologues des plans postérieurs s'écarteront, comme c'est le cas pour les points c d par rapport au point N.

Fig. 50.

Or, comme nous pouvons fixer successivement tous les plans qui composent un paysage et que ces croisements changeront suivant le point que nous fixons, aussi bien dans la vue réelle que dans le stéréoscope, ils n'auront absolument rien de

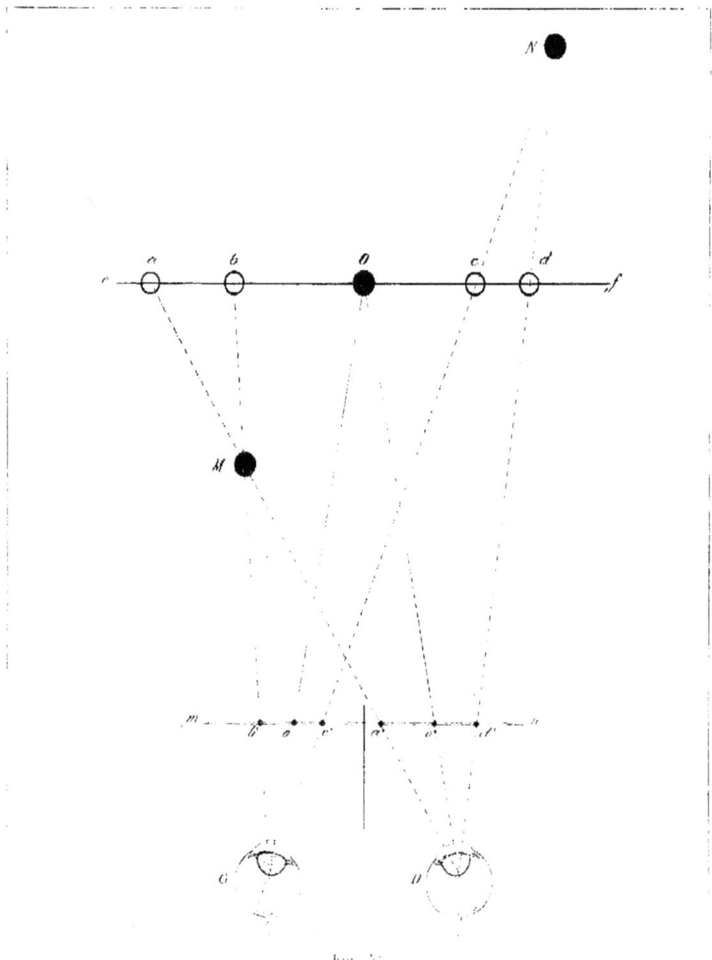

Fig. 31.

commun avec les rayons Ma, Mb, Nc, Nd, Oe, Og, venant percer le carton m n pour former le stéréogramme qui doit nous donner l'illusion de la proximité ou de l'éloignement des points M N O, sensation résultant uniquement de l'écartement des homologues b a, c d et e g.

82) Brücke prétend avec raison, qu'il n'y a pas de perception de relief sans l'intervention de l'appareil musculaire (convergence).

Dove démontre le contraire en obtenant le relief stéréoscopique pendant la courte durée d'une étincelle électrique où la convergence n'a pas le temps de se produire.

Ce dernier est dans l'erreur, car c'est précisément l'intervention de la convergence qui nous fait voir le relief dans son expérience, intervention involontaire, due uniquement aux circonstances matérielles du moment. Dans l'obscurité, ou si nous fermons les yeux, tous les muscles qui commandent la convergence et l'accommodation sont relâchés et au repos. Or, à ce repos, à ce relâchement correspondra,

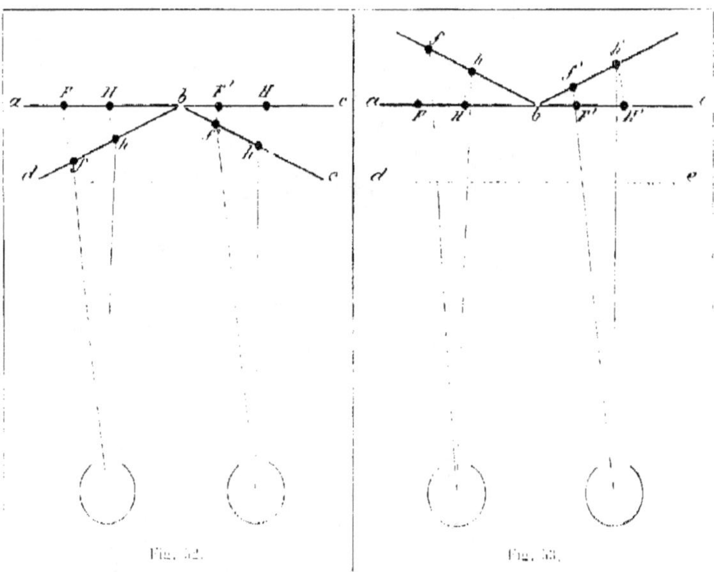

Fig. 52.   Fig. 53.

sans doute, une convergence faisant fusionner instantanément les homologues d'un des nombreux plans du stéréogramme que nous regardons, et du moment qu'il suffit de la fusion d'un seul pour que tous les autres paraissent en relief, il est évident qu'un éclairage instantané, produit, soit par une étincelle électrique dans le stéréoscope, soit par l'éclair dans une nuit sombre, nous procurera cette sensation.

83) Nous obtiendrons du relief toutes les fois que nous pourrons produire des doubles figures sur les rétines.

Introduisons dans le stéréoscope deux images identiques *ab, bc* (fig. 52). Tous les homologues étant écartés de 70 millimètres, leurs impressions arriveront sur des points rétiniens correspondants et nous ne percevrons que le relief monoculaire (90).

Prenons au hasard les homologues F F′ et H H′ et inclinons les deux images en *d b*, *b c*. Ces mêmes homologues se trouveront transposés en *f f′* et *h h′*. Si nous mesurons leurs écartements respectifs sur la ligne *d e*, nous trouverons que celui des points *f f′* est de 67 millimètres et celui des points *h h′* de 65,50, différence largement suffisante pour produire les doubles figures et faire paraître ces derniers beaucoup plus rapprochés que les premiers.

Nous aurons donc un relief accentué si les images que nous regardons représentent un monument isolé, une perspective dont les objets du premier plan se trouvent placés au centre du tableau.

Si, par contre, nous examinons une perspective dont les premiers plans soient aux bords du tableau : une rue, une allée d'arbres, etc., l'inclinaison des images devra se faire dans le sens contraire, ainsi que l'indique la figure 53. Les homologues H H′, écartés de 70 millimètres, seront vus sur la ligne *d e* avec un écartement de 67, et les homologues F F′, avec un écartement de 64 millimètres, en conséquence ceux-ci nous paraîtront plus rapprochés que ceux-là.

84) Tout autre est la cause du relief d'une image que nous regardons avec les deux yeux à travers une loupe de grande dimension.

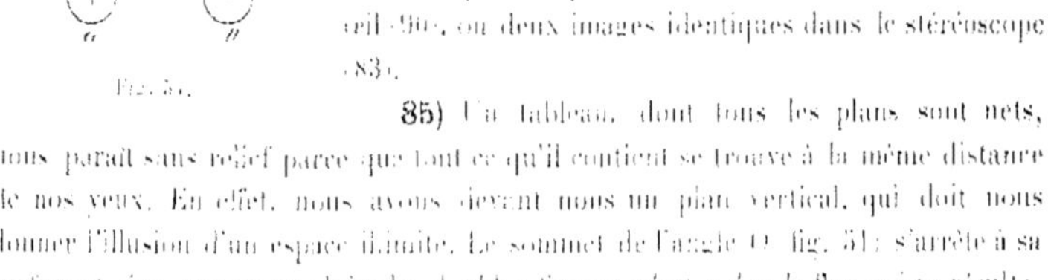

Supposons l'image A B (fig. 54). Suivant les explications données § 30, l'œil droit la verra agrandie et projetée dans l'angle *a D b* en *m a′*, et l'œil gauche dans l'angle *a C b* en *m a*. Nous aurons donc deux visions monoculaires distinctes, impressionnant chacune des points rétiniens identiques, mais sans production de doubles figures les deux images étant pareilles. Le relief sera le même que lorsque nous regardons l'image d'un seul œil (90), ou deux images identiques dans le stéréoscope (83).

Fig. 54.

85) Un tableau, dont tous les plans sont nets, nous paraît sans relief parce que tout ce qu'il contient se trouve à la même distance de nos yeux. En effet, nous avons devant nous un plan vertical, qui doit nous donner l'illusion d'un espace illimité. Le sommet de l'angle O (fig. 54) s'arrête à sa surface et rien ne peut produire les doubles figures *a b* et *c d* et le flou qui en résulte.

Pour obtenir cet effet il faudra que nous conformions le dessin aux exigences de notre vue en produisant nets les objets les plus rapprochés et en les dessinant de plus en plus flous à mesure qu'ils sont censés s'éloigner. La netteté des premiers plans attirera de préférence notre regard, pendant que les plans arriérés frapperont nos rétines d'une façon indécise, comme les doubles figures dans la vue réelle, nous donnant l'impression de l'éloignement successif.

86) Il doit en être de même d'une photographie. Tous les débutants sont fiers lorsqu'ils peuvent obtenir des épreuves dont les lointains sont aussi nets que les premiers plans, ne se doutant pas que ce résultat est déplorable à tous les points de vue.

Il est vrai que les objectifs ne se prêtent pas toujours aux exigences de l'art, car leur mise au point, à cent fois environ leur distance focale, est aussi la mise au point pour l'infini. Il faudra donc, autant que possible, chercher à opérer au-dessous de cette distance pour obtenir des lointains flous et donner ainsi du relief à l'image.

87) C'est tout le contraire pour les vues stéréoscopiques. Celles-ci, étant la reproduction exacte de ce que nous voyons, doivent être le plus net possible sur tous les plans. Si notre vue est bonne, l'air pur et transparent, nous verrons les objets lointains aussi nets que ceux du premier plan lorsque nous les fixons.

88) Le rôle des objectifs dans la stéréoscopie est donc de reproduire, avec la plus grande netteté possible, tous les objets situés dans leurs champs et à tous les plans. Les deux images placées ensuite dans le stéréoscope exigeront de nos yeux les mêmes efforts de convergence et d'accommodation que lorsque nous contemplons la nature directement. Le flou du lointain se produira naturellement en fixant les premiers plans, comme le flou de ceux-ci paraîtra en fixant les lointains. Les doubles figures, et avec elles la sensation de relief, se produiront exactement comme pour la vision ordinaire, confirmant une fois de plus la parfaite similitude des deux vues.

89) Le flou est souvent exagéré dans la reproduction de la nature. Quelques peintres, atteints, sans doute, d'une infirmité de la rétine, nous présentent des tableaux flous sur tous les plans. La chose est matériellement impossible, car, à moins qu'il ne s'agisse d'un effet de brouillard, il est inadmissible que nous ne puissions voir nets les objets les plus rapprochés de nous.

Certains ouvrages expliquent cet amour pour le flou, en disant que si nous nous placions à la distance nécessaire pour voir les objets aussi petits que nous les dessinons, forcément nous les verrions flous, sans aucun détail.

Ce raisonnement est absolument faux, car le tableau est la reproduction de la nature vue par un seul œil, pris dans l'angle visuel à la distance correspondant à la dimension que nous voulons lui donner, arrangé ensuite, par le flou des plans lointains, pour être vu par les deux yeux.

Fixons le plan A B (fig. 55) d'un paysage quelconque, il sera vu net et peint sur le tableau ab avec la même netteté. L'image que nous reproduirons sera une image réduite comme si le paysage se rapprochait de nous jusqu'à la place du tableau, mais non celle que nous verrions si nous étions situés à 4 ou 5 kilomètres. Les plans successifs $a'b'$, $a''b''$, etc., devront être peints de plus en plus flous, en rapport à leur éloignement, suppléant ainsi aux doubles figures de la vision ordinaire.

À ces conditions seulement, les ombres et la perspective aidant, nous aurons l'illusion de profondeur et de relief.

Il est indiscutable que pour arriver à pareil résultat, l'exacte observance des règles de la perspective linéaire joue un des rôles les plus importants. Malheureusement la plupart des peintres les négligent, ou les ignorent et donnent le jour à des œuvres qui flattent probablement l'œil par leurs coloris, mais dont l'exécution matérielle est un ensemble d'absurdités, d'impossibilités et d'erreurs.

Beaucoup de tableaux ressemblent plutôt à des échafaudages de peinture qu'à des représentations de plans successifs, cela parce que les seconds plans, peints plus nets et plus détaillés que les premiers, paraissent aussi rapprochés que ces derniers.

Fig. 35.

Naïvement le peintre vous dira qu'en exécutant son tableau il a constamment fixé le second plan et n'ayant vu net que celui-là, il a peint tel qu'il a vu, règle fondamentale pour toute reproduction de la nature. Il oublie que l'effet de vision dont il s'est servi est un effet accidentel et que c'est la vision rationnelle qui doit le guider dans l'exécution de son tableau.

Supposons les trois objets A a' a'' (fig. 35), espacés sur des plans successifs. Si nous fixons l'objet a', celui-ci seulement sera vu net et flous les objets A et a''. Mais si nous fixons l'objet A, forcément nous y verrons beaucoup plus de détails que sur l'objet a', ses couleurs nous paraîtront plus franches, ses contours plus accentués, plus précis. Ce n'est pas parce que nous dirigeons par hasard notre regard plutôt sur A, que sur a', que sur a'', que les perspectives aérienne et des couleurs changeront de vigueur. A sera toujours vu plus net que a' et a' que a''. Voilà la règle d'après laquelle notre tableau devra être exécuté si nous voulons obtenir de la profondeur et si nous voulons lui donner l'aspect de la nature.

LE RELIEF MONOCULAIRE

90) Si le relief binoculaire est dû aux doubles figures provenant de l'impression simultanée des objets sur les rétines pendant que les axes des yeux sont dirigés sur le point fixé, le relief monoculaire est dû surtout à la perspective, c'est-à-dire à la diminution apparente des objets en fonction de leur éloignement et à la place qu'ils occupent dans l'espace.

Dans une allée d'arbres les derniers produiront sur la rétine des images beaucoup plus petites que les premiers et tout naturellement notre esprit conclura que ceux-ci sont plus rapprochés que ceux-là.

Il est aussi indispensable que nous puissions voir l'origine des lignes, ou leur extrémité, car si ces deux facteurs nous manquent, il sera presque impossible de se

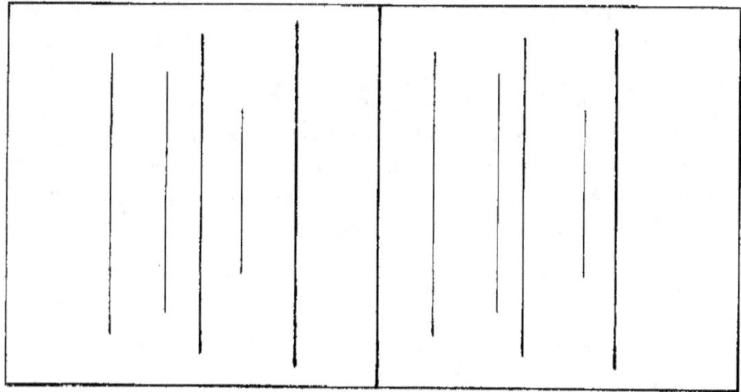

Fig. 56.

rendre compte de leur éloignement respectif. Le stéréoscope nous en fournira la preuve.

Dessinons dans le plan perspectif des deux tableaux d'un stéréogramme (59, 110),

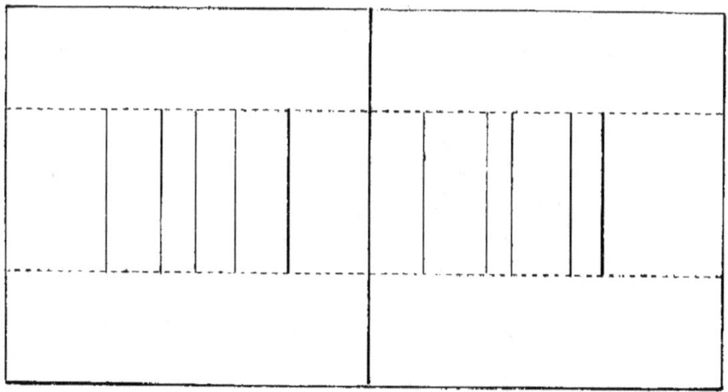

Fig. 57.

plusieurs lignes perpendiculaires représentant des poteaux placés à différentes distances (fig. 56). Leurs origines ainsi que leurs extrémités étant visibles, nous constaterons un certain relief en examinant un des deux tableaux avec un seul œil.

Supprimons maintenant les deux extrémités de chaque poteau (fig. 57). Le relief monoculaire disparaîtra complètement.

Plaçons le stéréogramme ainsi tronqué dans le stéréoscope, c'est-à-dire regardons-le des deux yeux. Immédiatement les doubles figures se formant sur les rétines, nous verrons les poteaux prendre leur place dans l'espace, sans qu'il soit nécessaire de connaître ni leur origine, ni leur extrémité.

La différence de contraction de l'iris lorsque nous regardons de près ou de loin (11), le point fixé qui frappe le centre le plus sensible de la vision pendant que tous les autres impressionnent des points rétiniens plus faibles et sont vus par conséquent avec moins de netteté, augmenteront encore la possibilité de pouvoir préciser la place des objets en nous servant d'un seul œil.

91) Sur papier, le dessin d'un cube pourra être tracé suivant les règles les plus exactes de la perspective, rien ne nous fera voir double l'arête $c\,d$, pendant que nous fixons l'arête $a\,b$, (fig. 58). Chaque œil ayant son point de vue (102), l'un détruira l'impression de relief de l'autre. La surface totale f, g, c, d, b, e, étant

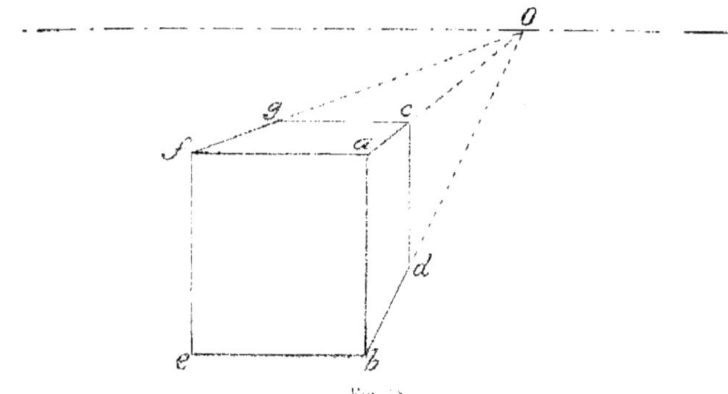

Fig. 58.

plane, impressionnera des points rétiniens correspondants (ce qui n'est pas le cas lorsque nous regardons le cube réel), c'est pourquoi il nous paraîtra plat, sans relief et beaucoup plus grand que nature. Mais si nous le regardons d'un seul œil, en nous mettant bien en face de son point de construction, du point de vue O, les lois de la perspective, les mêmes qui nous le font voir en relief dans la nature, nous procureront cette illusion.

92) Tout tableau dépendant d'un seul point de vue est une reproduction monoculaire. En le regardant d'un seul œil on le verra en relief. On pourra en même temps se rendre compte si les lois de la perspective ont été exactement observées, car la moindre infraction déplace ou déforme les objets qui composent le tableau.

Il faut encore que le tableau ou la photographie soient placés dans l'angle visuel à la distance qui leur convient, elle nous est indiquée pour le premier par les règles de la perspective et pour la photographie par le foyer de la chambre noire qui l'a produite.

La vigueur des ombres portées, ainsi que celles des objets, la proximité et la netteté des premiers plans, le flou du lointain, la dégradation des teintes, la prise des objets en biais plutôt que de face pour avoir le plus possible de plans fuyants, faciliteront d'une façon considérable la perception du relief monoculaire.

LES LIGNES DANS L'ESPACE

93) Passant de la théorie à la pratique et nous conformant aux simples indications données §§ 59 et 61, il nous sera facile d'établir sur un stéréogramme des points qui, vus au stéréoscope, nous paraîtront les uns plus éloignés que les autres suivant leurs écartements respectifs (fig. 59).

En considérant au stéréoscope les dimensions apparentes de ces points, nous remarquons que les plus rapprochés nous paraissent bien plus petits que les plus éloignés, quand le contraire devrait arriver. Pourquoi cet effet d'optique du moment que tous les points sont sur le même carton, à la même distance de nos yeux et vus à travers les mêmes lentilles ?

Cela est dû tout simplement aux lois de la perspective linéaire. Si nous plaçons dans l'espace deux cercles identiques l'un en A, l'autre en B (fig. 60), les images stéréoscopiques respectives seront a a' et b b', les premières plus petites parce que A placé plus loin. Or, si nous réduisons les cercles b b' aux mêmes dimensions que les cercles a a', le cercle représenté sera C, bien plus petit que A, effet constaté dans la fig. 59.

94) En réunissant par des lignes les différents points du tableau A (fig. 61), ainsi que les points correspondants du tableau B, la fusion nous montrera des lignes allant dans des directions se rapportant aux écartements des dits points.

Il suffira donc, pour donner à une ligne n'importe quelle direction dans l'espace, d'établir sur les deux tableaux du stéréogramme les places exactes de ses deux points extrêmes.

Soit le point O (fig. 62), distant de 2 m. 50. L'écartement des homologues a et b, sur le stéréogramme, sera de 65 mm. 80.59'. Un autre point P, placé à 7 m. 50, produira un écart $c d$ de 68 mm. 60. Si nous réunissons a c et b d, la fusion stéréoscopique nous montrera une ligne dans l'espace allant exactement dans la direction que nous aurons voulu lui donner.

95) Soit la fig. 63, formée par deux flèches a b et c d, se coupant à angle droit. Admettant que la tige m n soit à 5 mètres, l'écartement sur les deux tableaux sera de 67 mm. 90. Supposons aussi que la projection de la flèche vue par l'œil droit ait la longueur a b. Si nous plaçons le point b' à 65 mm. 80 de b, et le point a' à 68 mm. 60 de a, nous obtiendrons, en les réunissant, la flèche a' b' telle qu'elle doit être vue par l'œil gauche. La fusion stéréoscopique nous la montrera dans l'espace tournée à 45 degrés, le point b en avant, le point a en arrière.

Si nous établissons la seconde flèche $c d$ de la même façon, en intervertissant

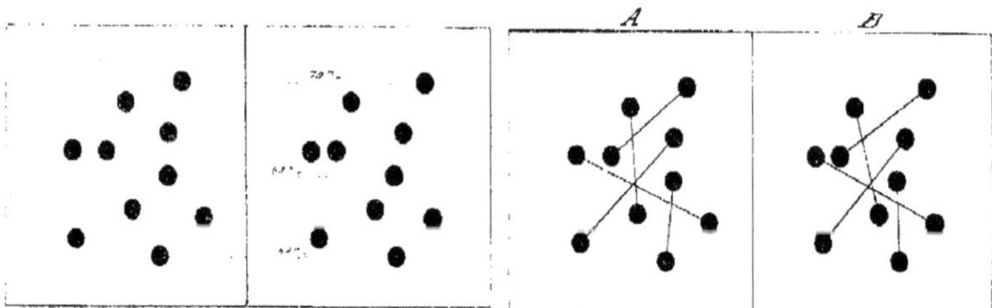

Fig. 59. — Réduction à 1/2 grandeur.

Fig. 61. — Réduction à 1/2 grandeur.

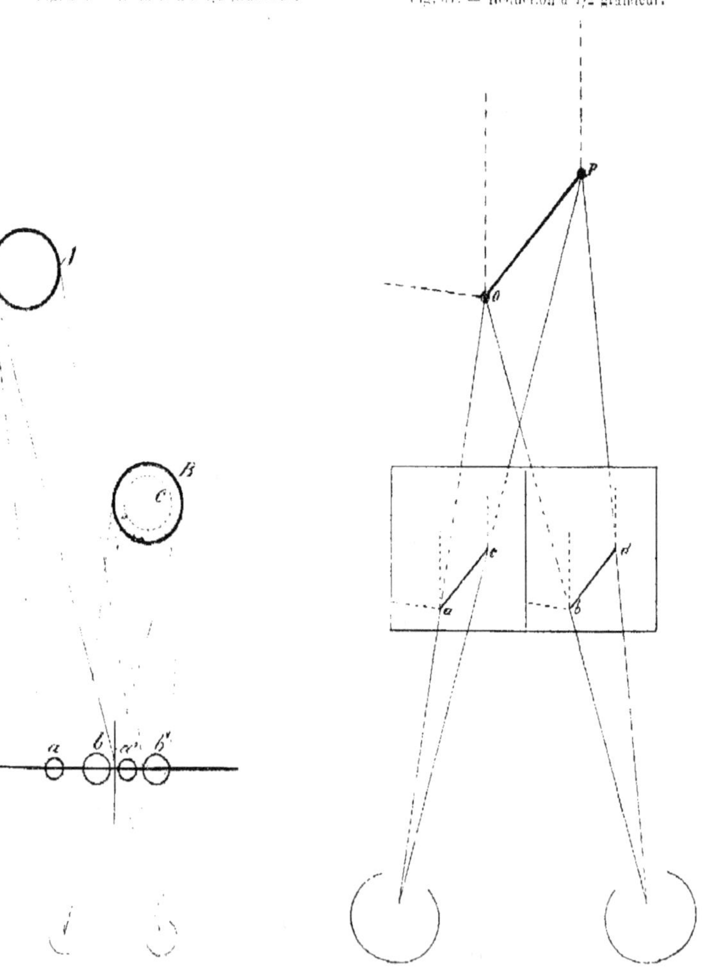

Fig. 60.

Fig. 62.

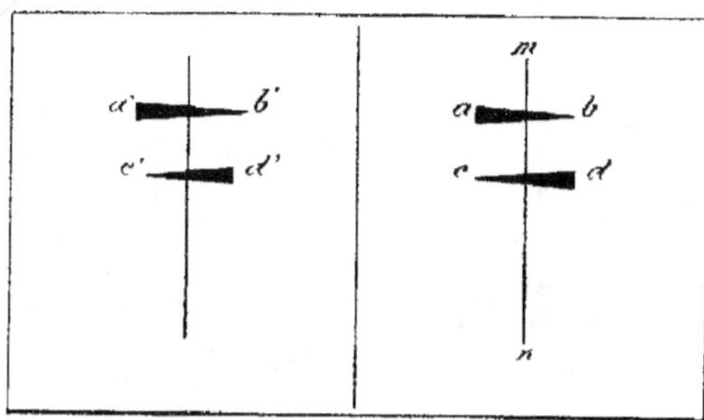

Fig. 63.

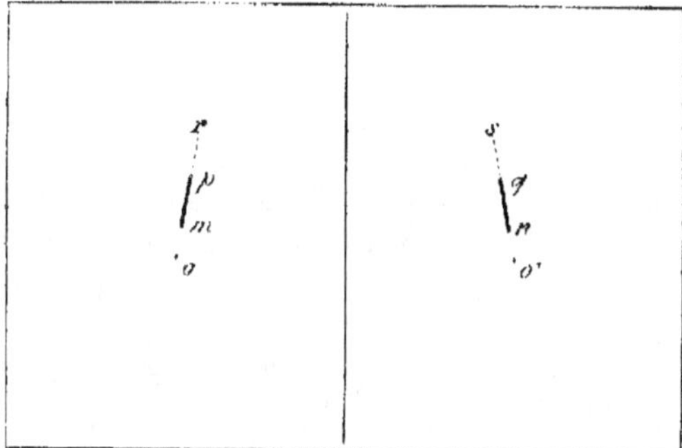

Fig. 64.

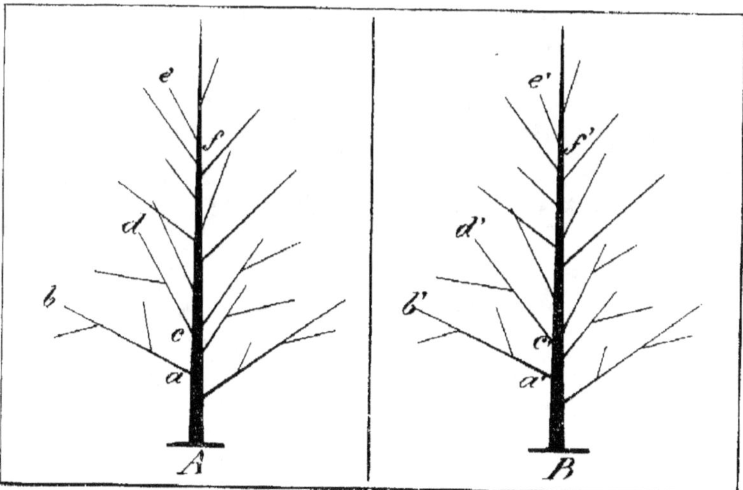

Fig. 65.

seulement les distances des homologues, nous verrons au stéréoscope deux flèches se croisant.

96) Soit une ligne venant droit devant nous à hauteur des yeux. Chaque œil séparément verra une projection qui sera facile à déterminer sur un stéréogramme.

Supposant son extrémité postérieure à 5 mètres, les points homologues m n (fig. 64) seront écartés de 67 mm, 9. Traçons des points o o', écart des points de vue 70 mm.), les lignes o r, o' s, passant par les points m n. Si nous voulons que la ligne s'arrête à la distance de 2 mètres, nous n'aurons qu'à déterminer les points homologues p q à 64 mm, 7. La fusion nous donnera exactement l'illusion d'une ligne venant droit sur nous.

97) Voici comment nous pourrons construire un arbre avec les branches allant dans toutes les directions.

Soit A (fig. 65), un arbre que nous placerons à 7 mètres de distance en construisant son homologue à 68 mm, 5 d'écartement. Une branche a b de l'arbre A aura sa naissance sur l'arbre B, exactement à la même hauteur en a'. Si nous plaçons le point homologue b' à 68 mm, 5 l'écartement étant le même que celui des deux arbres, la branche se trouvera sur le même plan. La branche c d, dont les homologues d d' sont écartés de 65 millimètres viendra presque droit sur nous, pendant que la branche e f s'éloignera dans la direction opposée, ses homologues e e' étant écartés de 69 mm, 9.

En disposant convenablement les différentes branches, nous pourrons faire le tour complet de l'arbre et l'effet sera saisissant.

98) Des lignes parallèles à l'horizon (fils télégraphiques par exemple), tracées sur les deux tableaux du stéréogramme et sur lesquelles aucun point de repère ne peut influencer la convergence, nous paraissent toutes situées à la même distance et dans un plan indéfinissable. Marquons sur chacune d'elles de légers points, immédiatement les doubles figures se produisent et nous verrons les lignes s'espacer en rapport à l'écartement des dits points.

Nous voyons par ces quelques exemples avec quelle facilité nous pouvons donner à une ligne dans l'espace toutes les directions voulues et avec quelle précision nous pouvons le faire grâce à l'espacement raisonné des points homologues, dont les écartements sont exactement réglés par la convergence.

LE POINT DE VUE

99) Tout ce que nous venons d'expliquer se rapporte à des points et des lignes. Pour les établir stéréoscopiquement nous n'avons eu recours qu'à l'angle optique.

Tout autre sera la construction d'un corps solide présentant ses trois dimensions : hauteur, largeur et profondeur, où le dessin dépend de deux facteurs : *l'angle optique* et le *point de vue*.

Dans la vision ordinaire, tout dessin et toute photographie formant un ensemble et donnant l'illusion du relief, doit forcément être en perspective, par conséquent dépendre d'un seul point de vue (point principal de fuite). Il se trouve à l'infini, droit devant nous, à hauteur des yeux, c'est le point essentiel, pivot de toute construction, d'où dépendent toutes les lignes. Nos yeux pourront rouler à droite, à gauche, converger de près, de loin, ce point sera toujours invariable. Il n'a absolument rien de commun avec celui formé au sommet de notre angle optique, que nous promenons continuellement sur les objets lorsque nous les regardons.

Si nous considérons un point dans l'espace, il nous suffit de juger à peu près de sa distance à l'aide de la convergence et de l'accommodation. Mais, si à ce point nous voulons substituer un solide quelconque, les lignes des faces qui le forment prendront des directions n'ayant aucun rapport avec celles des rayons allant au point primitif.

100) Regardons le cube A (fig. 66), nos yeux convergeront successivement sur tous les points qui le composent nous permettant ainsi d'apprécier sa hauteur, sa largeur et sa profondeur, mais ce ne sera pas avec l'un de ces points que nous parviendrons à construire notre cube en perspective. Ce point nous le trouverons en O, droit devant nous, à l'infini. En y conduisant les fuyantes, nous obtiendrons la forme exacte du cube tel que nous le voyons réellement.

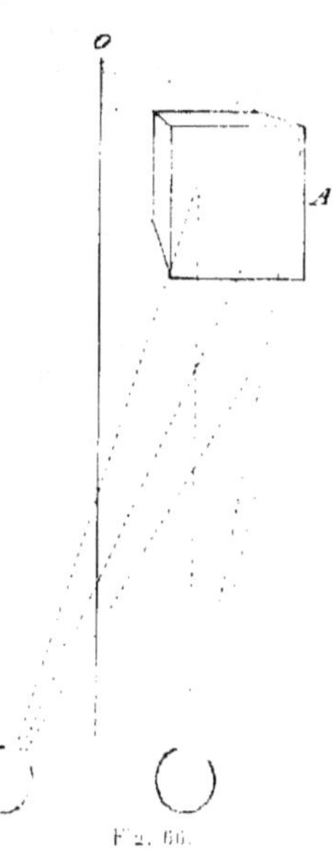

Fig. 66.

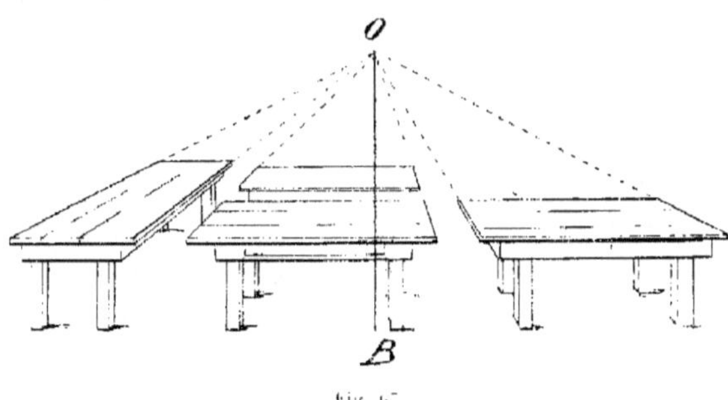

Fig. 67.

101) Nous sommes accoudés à une table en B (fig. 67), nos yeux fixent successivement le bord droit et le bord gauche, quelle sera la direction à donner aux deux bords de la table sur le papier? Tout simplement celle du point O, exactement en face de nous. à l'infini. Toutes les tables qui se trouveront entre nous et ce point subiront la même règle. quel que soit leur éloignement.

102) Pour la construction d'un stéréogramme, où chaque tableau doit représenter la vue de chaque œil. il faudra aussi que chaque œil ait son point de vue.

Ces deux points étant sur les perpendiculaires aux tableaux issues de chaque œil. les axes visuels allant à ces deux points seront parallèles.

Nous établirons donc le dessin à l'aide des points de vue (parallélisme des axes) et nous le regarderons à l'aide de la convergence (angle optique).

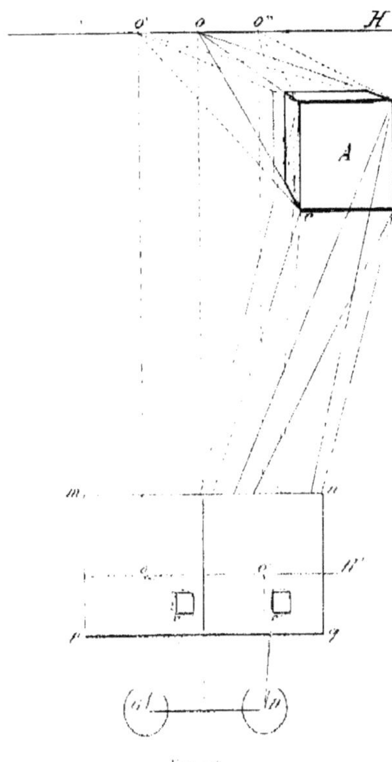

Fig. 68.

103) Une simple figure démontrera l'exactitude de ce qui précède. Si nous regardons le cube A (fig. 68) de l'œil gauche seulement, le point de vue O, celui de la vue ordinaire (100), se déplacera en O' et la face fuyante sera vue beaucoup plus grande. Par contre, si nous le regardons de l'œil droit, le point de vue sera transporté en O'' et la face fuyante paraîtra plus petite. (Les faces fuyantes parallèles à l'horizon sont identiques comme profondeur dans les deux cas.)

Les images qui se forment à l'intersection des rayons sur le stéréogramme m n p q placé à 15 centimètres de nos yeux, auront exactement les mêmes proportions. Les points de vue se trouveront sur les perpendiculaires à la ligne G D, c'est-à-dire sur les axes des cônes optiques. La hauteur d'horizon H', restant la même que pour le cube A, les fuyantes o c et o' c, seront parallèles aux fuyantes O' C et O'' C et se rencontreront sur les mêmes axes GO, DO, lesquels auront toujours conservé leur parallélisme. quoique nos yeux soient dirigés et convergent vers le cube A.

En face des lentilles nos yeux ne resteront pas immobilisés dans les directions o o, ainsi que certains le prétendent. mais seront tournés vers les deux cubes du stéréogramme avec la convergence nécessaire pour que la rencontre de leurs axes ait exactement lieu à la place que devrait occuper le cube A.

En regardant dans le stéréoscope nous éprouvons parfaitement la sensation de la convergence lorsque du premier plan nous passons à l'infini et inversement, et il serait absurde de soutenir que les yeux en présence des lentilles doivent avoir leurs axes parallèles, ou se comporter comme s'ils louchaient en dehors (43).

CORPS SOLIDES

LEUR CONSTRUCTION DANS L'ESPACE

104) Avec toutes les indications que nous venons de donner, nous pourrons établir par le dessin des stéréogrammes de toute sorte. Pour en rendre l'exécution plus facile, nous adopterons pour nos exemples un écartement des points de vue de 70 millimètres et une distance (foyer du stéréoscope) de 15 centimètres.

Nous avons vu § 60, que l'infini correspondait à un écartement des homologues de 70 millimètres et 52,50 au plus grand rapprochement, soit 60 centimètres. Pour des objets seuls, de minime profondeur, nous pouvons employer l'un ou l'autre indif-

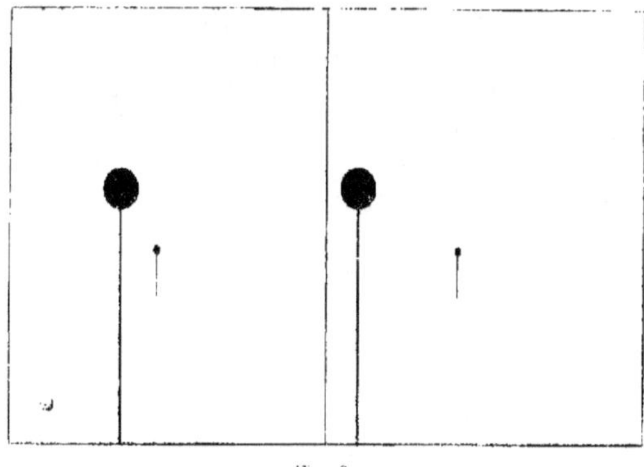

Fig. 69.

féremment, mais si nous voulons construire des stéréogrammes représentant plusieurs objets placés à différentes distances, il nous sera impossible de leur appliquer ces deux limites extrêmes car, pendant que les plus éloignés fusionneraient, les plus rapprochés seraient vus doubles et inversement (61).

La fig. 69 nous montre les images stéréoscopiques de deux poteaux dont celles du premier plan sont écartées de 52 mm. 50 et celles du dernier de 66,50. Leur fusion simultanée sera impossible, les doubles figures étant trop accentuées. Si nous fixons le plus éloigné, nous verrons double le plus rapproché et inversement.

La fig. 70 nous montre les mêmes poteaux avec un écartement des homologues au premier plan de 63 millimètres et de 67,30 au dernier. Ici la fusion simultanée des deux plans et le relief seront parfaits.

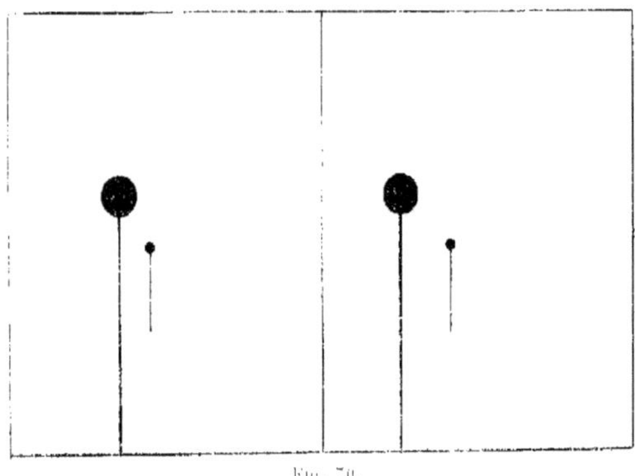

Fig. 70.

Les deux poteaux auront conservé, dans les deux cas, la même distance entre eux, mais dans le dernier nous en serons plus éloignés.

105) Nous obtiendrons donc une fusion convenable, avec doubles figures presque imperceptibles, si les homologues des images placées sur les deux tableaux du stéréogramme sont écartés :

> de 52. 50 mm. au premier plan et de 57 m.m. au dernier.
> ou de 57   62
> ou de 62 —   66 50   —
> ou de 66 50   70 —   —

ou bien les écartements intermédiaires, mais toujours espacés de 4 à 5 millimètres environ.

Le premier plan se trouvera :

> dans le premier   cas à 0^m60 et le dernier à 0^m80
> —   second   0 80   —   1 35
>   troisième   —   1 35   3
>   quatrième —   3   à l'infini

ou aux distances intermédiaires correspondant aux écartements des points homologues.

En traçant sur différents stéréogrammes des cercles ou des lignes verticales, écartés comme indiqué ci-dessus, nous pourrons facilement constater l'exactitude de cette règle qui est du reste celle de la vision ordinaire. Plus les images reproduites sur les rétines se concentreront sur les taches jaunes, moins les doubles figures seront perceptibles et plus l'ensemble du tableau nous paraîtra net et précis.

106) Pour la construction d'un stéréogramme nous aurons d'abord à déterminer la distance à laquelle nous voulons placer la ligne de terre, distance que nous fixerons, pour les exemples qui suivent, à 3 mètres et au delà.

Nous établirons ensuite l'échelle du tableau. Elle nous est indispensable pour donner à l'ensemble de justes proportions et pouvoir placer chaque objet à la distance voulue sur un point quelconque du plan perspectif.

Cette échelle devra concorder exactement avec l'une des deux que nous avons indiquées aux paragraphes 58 et 59, c'est-à-dire que si nous plaçons un objet à 10 mètres, ses points homologues devront être écartés de 67 mm.90 dans le premier cas et de 68, 95 dans le second.

Sur un stéréogramme placé à 30 centimètres :

1 m. à 3 m. de distance sera réduit à 10 cm. et les homologues à la base du tableau auront un écartement de 63 millimètres.

1 m. à 4 m. de distance sera réduit à 7 cm.5 et les homologues à la base du tableau auront un écartement de 64 millim. 75.

1 m. à 6 m. de distance sera réduit à 5 cm. et les homologues à la base du tableau auront un écartement de 66 millim. 50.

1 m. à 7 m. 5 de distance sera réduit à 4 cm. et les homologues à la base du tableau auront un écartement de 67 millim. 20.

1 m. à 10 m. de distance sera réduit à 3 cm. et les homologues à la base du tableau auront un écartement de 67 millim. 90.

107) Sur un stéréogramme placé à 15 centimètres :

1 m. à 3 m. de distance sera réduit à 5 cm. et les homologues à la base du tableau auront un écartement de 66 millim. 50.

1 m. à 4 m. de distance sera réduit à 3 cm. 75 et les homologues à la base du tableau auront un écartement de 67 millim. 37.

1 m. à 6 m. de distance sera réduit à 2 cm. 50 et les homologues à la base du tableau auront un écartement de 68 millim. 25.

1 m. à 7 m. 50 de distance sera réduit à 2 cm. et les homologues à la base du tableau auront un écartement de 68 millim. 60.

1 m. à 10 m. de distance sera réduit à 1 cm. 50 et les homologues à la base du tableau auront un écartement de 68 millim. 95.

Si donc nous voulons placer la ligne de terre (base du tableau) d'un stéréogramme destiné à un stéréoscope de 15 centimètres de foyer :

à   3 m. l'échelle sera de 5 cm. par mètre.
à   4 —   3 75
à   6 —   2 50
à   7 50   2 —
à 10 —   1 50

Nous choisirons celle qui conviendra le mieux à notre tableau sans oublier qu'à chacun de ces contours à la base du tableau, un évasement affectent des points horizontaux.

10° Supposons que nos lecteurs aient mieux compris ce qui précède.

Supposons donc, après examen, sur chaque tableau du pied nous voulions construire une surface par exemple qu'il a un cube de 65 centimètres de côté, situé à 5 mètres de nos yeux.

Après avoir tracé la ligne d'horizon H, à une hauteur quelconque de la ligne de terre a b, nous construisons les deux points de vue o o' écartés de 70 millimètres, chacun à 35 millimètres de la ligne médiane.

A 15 centimètres à droite du stéréoscope, d'un des points de vue, nous marquerons

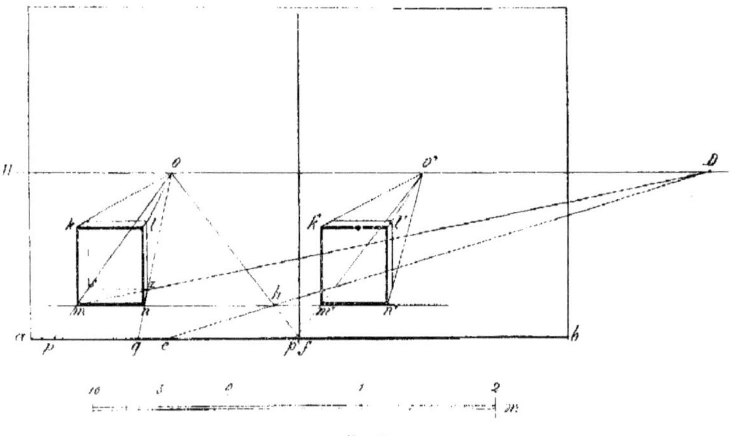

Fig. 74.

le point de distance D, qui nous servira à tracer les diagonales du carré et à trouver les profondeurs sur le plan perspectif du tableau.

Nous y appliquerons l'échelle correspondant à une distance de 4 mètres de nos yeux à la base du tableau. L'unité étant 3 cm, 75, le mètre sera représenté par cette longueur et l'échelle construite comme indiqué fig. 74.

Après avoir tracé l'échelle des profondeurs f a et mesuré un mètre de f à c, la diagonale c D nous indiquera le point h, qui, étant le sommet opposé du carré, sera à un mètre de profondeur. Sur l'horizontale passant par ce point, nous marquerons à volonté le point m, sommet antérieur gauche de notre cube. Traçons la ligne o m p pour avoir en p la place du point m, comme si le cube se trouvait sur la ligne de terre. En portant de ce point 65 centimètres jusqu'à q, nous trouverons sur la ligne q p le point n, qui déterminera la base du cube, large de 65 centimètres, à un mètre de la ligne de terre et à 5 mètres de nos yeux.

La ligne *m* D, indiquera en *s* la profondeur du carré perspectif *m n s s*, sur lequel nous n'aurons plus qu'à construire notre cube en faisant converger toutes les fuyantes au point *o*.

Pour le tableau de droite la construction sera simplifiée. L'écartement des homologues sur la ligne de terre correspondant à la distance de 4 mètres étant de 67 mm. 37, nous n'aurons qu'à porter cette longueur de *p* à *p'*. En joignant *p'* à *o'*, on trouvera sur cette ligne le point *m'* homologue de *m*.

Le carré *k' l' m' n'* sera construit exactement de la même grandeur que le carré *k l m n*, les fuyantes seront dirigées vers le point de vue *o'* et la profondeur sera la même que pour le cube de gauche.

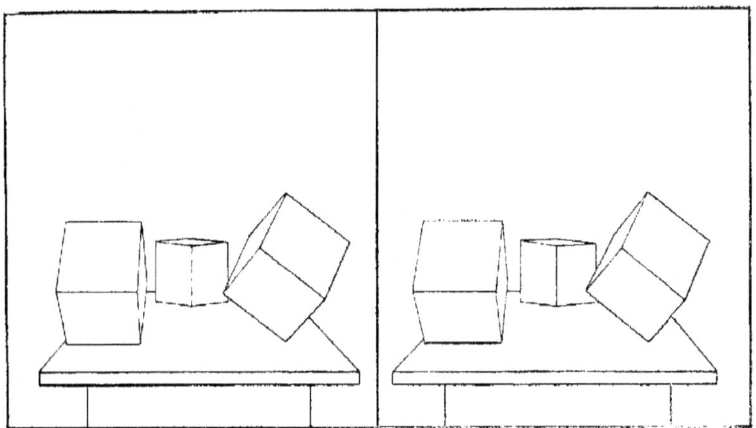

Fig. 72.

La fusion nous montrera un cube placé à 5 mètres de nos yeux. Les homologues antérieurs auront la distance de 67 mm. 90 indiquée sur l'échelle § 59.

109) La construction du cube vu d'angle (fig. 72) est un peu plus compliquée et l'explication nous entraînerait trop loin. Le lecteur n'aura qu'à consulter un traité de perspective quelconque en se conformant pour le reste à ce qui a été dit pour le cube vu de face.

110) Soit une grande route allant à perte de vue droit devant nous (fig. 73). Nos lignes de terre et d'horizon établies, ainsi que nos points de vue *o o'*, *a b* étant la largeur de la route sur notre tableau de gauche, nous n'aurons qu'à joindre *a o* et *b o* pour qu'elle soit en perspective telle que notre œil gauche la voit.

Si nous admettons la ligne de terre à 7 m. 50 de nos yeux, l'unité de l'échelle sera 2 centimètres et l'écartement des homologues *a a'* et *b b'* 68 mm. 60 (107).

Tous les homologues situés sur les deux lignes $a\,o$, $a'\,o'$, ou $b\,o$, $b'\,o'$, s'écarteront en s'éloignant, nous donnant ainsi l'impression de profondeur continue.

L'écartement de 68 mm. 60 sur la ligne de terre nous servira de base pour toutes les constructions que nous aurons à exécuter sur les deux tableaux.

Soit la maison A, construite sur le tableau de gauche. Pour trouver le point c sur celui de droite, nous n'aurons qu'à mesurer 68 mm. 60 de d à d', joindre d' à o' et l'horizontale partant de c nous donnera le point c'.

Soit un poteau à planter sur la route en h. Après avoir déterminé le point i, et porté 68 mm. 60 jusqu'à i, on tracera la ligne $i\,o'$ et l'horizontale $h\,h'$. Le point

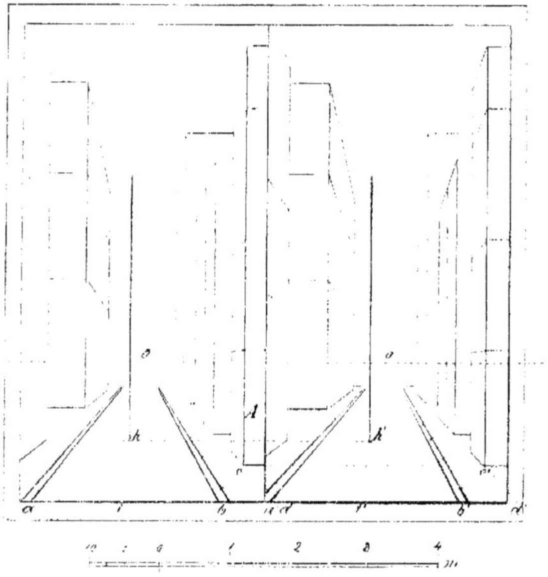

Fig. 74.

d'intersection h' indiquera la place exacte du poteau, qui sera à 10 mètres de nos yeux, l'écartement des homologues étant de 68 mm. 95.

111) La construction de stéréogrammes, aux échelles de 2 et 3 centimètres pour un mètre, est excessivement difficile, vu l'écart minime existant entre les points homologues à la base du tableau et ceux à l'infini.

En effet, si nous adoptons une échelle de 2 centimètres, nous aurons sur la ligne de terre un écart d'homologues de 68 mm. 60 pour arriver progressivement à celui de 70 millimètres en approchant de l'horizon. Chacun comprendra la difficulté lorsqu'il s'agira de placer des objets sur les différents plans perspectifs avec une marge aussi réduite. Pareille précision ne peut être atteinte que par la photographie.

Pour rendre la chose possible par le dessin, nous n'aurons qu'à réduire l'écartement des homologues sur la ligne de terre à 66 mm. 50, comme si le premier plan se trouvait à 3 mètres de nos yeux. En le réduisant, tout en gardant une échelle de 2 centimètres, nous réduirons aussi la grandeur apparente des objets, ce qui ne nuit en rien à l'effet du relief.

112) La fig. 74 nous montre une chambre, construite avec une échelle basée sur

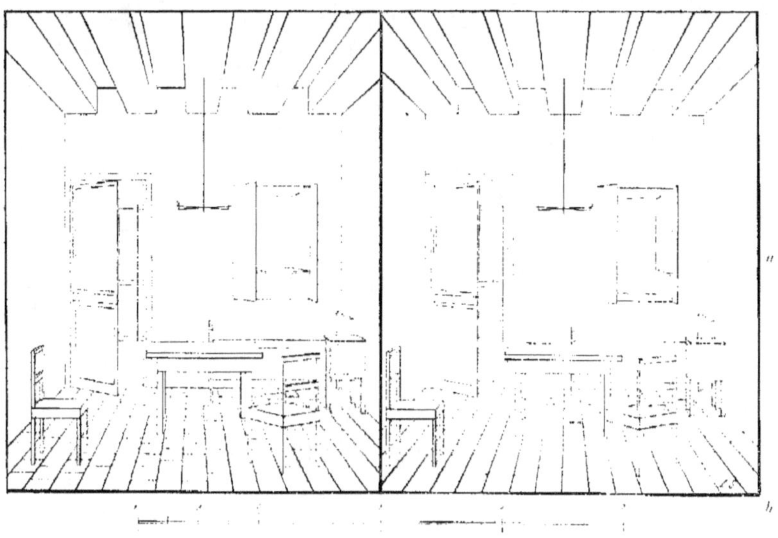

Fig. 74.

la hauteur d'homme a b (hauteur d'horizon), supposée de 1 m. 75. Elle a 5 mètres de profondeur, 4 mètres de large et 3 m. 50 de haut.

Pour en faciliter l'exécution, le dessin a été établi au double de la grandeur ci-dessus, admettant l'écartement des yeux à 14 centimètres et en doublant l'échelle de construction. Il a été ensuite réduit à l'écart de 70 millimètres par la photographie.

Pendant l'exécution du dessin, nous pourrons fusionner les images pour nous rendre compte de leur précision, en les regardant par les gros bouts d'une lorgnette de théâtre.

Comme on le voit, toutes ces constructions sont d'une grande simplicité et peuvent servir à contrôler l'exactitude du procédé.

Avec un peu d'exercice et de patience on arrive à produire des stéréogrammes, non seulement intéressants au point de vue dessin, mais qui étonnent par leur relief et leur réalité.

STÉRÉOGRAMMES VUS SANS STÉRÉOSCOPE A LA DISTANCE
DE LA VISION DISTINCTE

113) En procédant comme nous l'avons indiqué §§ 37 et suivants, nous aurons donné à nos yeux assez de souplesse et d'indépendance pour pouvoir facilement fusionner toute sorte de stéréogrammes sans avoir recours aux lentilles.

Le stéréogramme ordinaire, obtenu avec des objectifs de 15 centimètres de foyer et fusionné sans appareils à la distance de la vision distincte, 30 centimètres environ, ne nous donnera pas l'impression de la grandeur naturelle des objets, les images reproduites sur les rétines étant réduites de moitié.

Pour les obtenir aux dimensions voulues, le stéréogramme devra être construit avec des points de distance de 30 centimètres et les écartements des points homologues devront être ceux indiqués aux §§ 58 et 106.

Les fig. 75 et 76 sont tracées d'après ces règles. La largeur de chaque tableau ne dépassera pas 70 millimètres, mais la hauteur pourra atteindre jusqu'à 60 centimètres. La ligne d'horizon, ainsi que les points de vue, pourront être placés à volonté n'étant pas assujettis aux axes des lentilles.

Pour tout le reste la construction sera identique à celle des stéréogrammes destinés au stéréoscope.

L'ACCOMMODATION

114) On prétend que notre cristallin, contracté par les muscles qui l'entourent, peut augmenter et diminuer de convexité et que, par cette sorte de mise au point spontanée, nous voyons successivement net à toutes les distances. C'est ce qu'on appelle l'Accommodation. Elle doit s'exercer à partir de 10 centimètres jusqu'à 4 m. 30.

Le contrôle de cette assertion nous paraît d'une difficulté insurmontable et nous sommes forcés de nous rapporter à de simples suppositions.

Par contre il est certain que la vision aux différentes distances est intimement liée à la diaphragmation de l'iris. L'iris se dilate et se contracte proportionnellement au degré de lumière qui pénètre dans l'œil. Mais si nous observons l'œil d'une personne qui regarde alternativement un objet placé à 15 ou 20 centimètres et un autre situé beaucoup plus loin, nous verrons aussi l'iris se contracter pour le premier et s'écarter pour le second.

Nous avons donc une seconde diaphragmation en rapport à la distance des objets. Elle est intimement liée à la convergence, se produit naturellement, inconsciemment, toutes les fois que nous regardons de près ou de loin, non sans que nous éprouvions une certaine gêne si cette transition a lieu trop subitement.

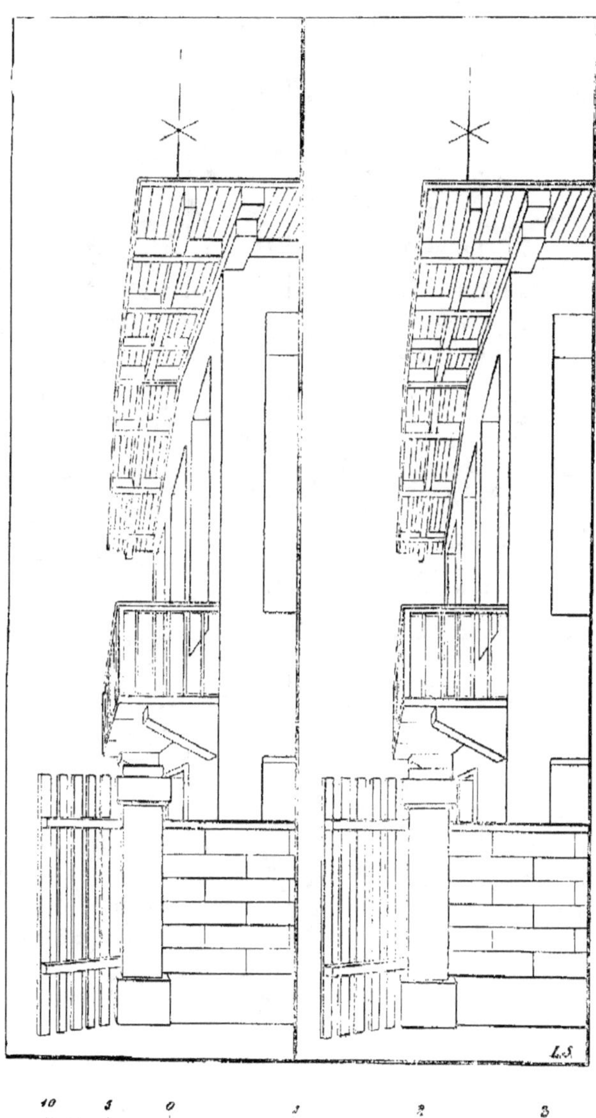

Fig. 75.

Fig. 76.

La plus grande ouverture que l'iris puisse atteindre est d'environ 5 millimètres et la plus petite de 3. C'est à partir de 2 mètres environ que l'iris cesse son rôle de diaphragme, cédant entièrement le pas à la convergence, qui seule nous donne l'illusion du près et du loin. En effet, si nous regardons d'un seul œil des objets placés à 2 mètres et au delà, nous les verrons tous avec la même netteté. Regardons des deux yeux, immédiatement les doubles figures se produisent et avec elles le flou et la sensation de relief (79). Rien ne justifie donc l'intervention du cristallin, s'il ne change pas de convexité pour un seul œil, il est évident qu'il ne changera pas pour les deux.

115) Au stéréoscope la contraction ou la dilatation de l'iris aura lieu aussi toutes les fois que, passant des premiers plans au lointain, nous changeons de convergence.

Elle sera aussi en rapport à la quantité de lumière qui pénètre dans le stéréoscope, moins il y en aura, plus l'iris se dilatera et plus nous verrons les plans s'espacer augmentant ainsi l'illusion de profondeur. Au contraire, avec un violent éclairage, l'iris se contractera, nous verrons plus net, mais le relief sera moins accentué.

LA CONVERGENCE DES AXES OPTIQUES

116) La convergence est la rencontre des axes optiques sur un point dans l'espace. Cette rencontre forme l'angle optique dont l'ouverture dépend entièrement de la distance du dit point. C'est le sommet de cet angle, avec le concours de l'accommodation, que nous promenons continuellement sur tous les objets qui nous entourent.

Beaucoup croient et d'autres soutiennent énergiquement qu'à une certaine distance les axes des yeux ne convergent plus sur le point que nous fixons, mais deviennent subitement parallèles.

Leurs avis sont très partagés sur la distance à laquelle ce phénomène se produit, les uns précisent 3 m. 30, d'autres parlent de 100 mètres, d'autres de 500 et plus, mais aucun ne donne à l'appui une expérience pratique pouvant le confirmer.

Or, nous croyons pouvoir soutenir que la convergence ne cesse à aucun moment, que même aux plus grandes distances elle doit avoir lieu si nous voulons voir les objets correctement.

117) Nous avons démontré par de nombreuses expériences, faciles à répéter (16), que les doubles figures, dans la vision ordinaire, sont dues à l'impression simultanée de points rétiniens non correspondants, et que la vision unique avec les deux yeux ne pouvait avoir lieu que si les points rétiniens impressionnés étaient correspondants.

Supposons que nous fixions un point (O, fig. 77), situé à 100, 1.000, 10.000 mètres ou plus, et admettons que nos axes soient parallèles. Il impressionnera des points rétiniens non correspondants en *a a'* et forcément nous le verrons double.

Ou bien empêchons la convergence de se produire en poussant légèrement du doigt un œil. Nous verrons double, l'impression des points rétiniens correspondants devenant impossible.

Nous croyons que ces simples expériences doivent largement suffire à prouver l'utilité de la convergence et à écarter toute idée de parallélisme des axes optiques.

LA CONVERGENCE DES CHAMBRES STÉRÉOSCOPIQUES

118) Un grand nombre de ceux qui se sont occupés de la question stéréoscopique ont cru devoir appliquer la convergence des yeux aux chambres stéréoscopiques, pensant obtenir par là des résultats plus naturels, ne se rendant pas compte

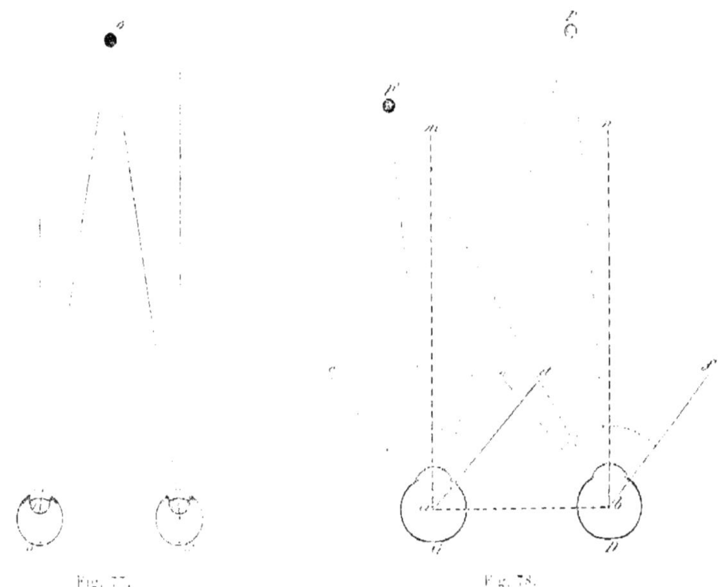

Fig. 77.   Fig. 78.

que la convergence des *axes optiques* n'entraîne aucunement la convergence des *axes des chambres optiques*, axes immuables et constamment parallèles (102).

L'axe optique peut décrire un angle d'environ 80-85 degrés formant ainsi le cône optique, dont le rayon visuel central sera horizontal (admettant que nous regardions droit devant nous et perpendiculaire à la ligne réunissant les centres des yeux.

Soient G et D nos yeux (fig. 78), *a b* la ligne réunissant les centres de rotation ;

$e\,a\,d$ et $e\,b\,f$, les cônes optiques, $a\,m$ et $b\,n$ les axes des cônes. Nos regards parcourront continuellement les espaces limités par les cônes, convergeront aussi bien sur le point P, que sur le point P', mais si notre tête ne change pas de place, la ligne $a\,b$ restera immuable et avec elle les perpendiculaires $m\,a$, $n\,b$.

119) Les partisans de la convergence des chambres, et ils sont nombreux, prétendent par contre que les axes des yeux étant dirigés sur l'objet O (fig. 79), celui-ci se peint sur les rétines en $o\,o'$ et que sa perspective dépendant des axes O o, O o' aura pour base les lignes $m\,n$, $m'\,n'$. De là la conclusion que les plaques sensibles

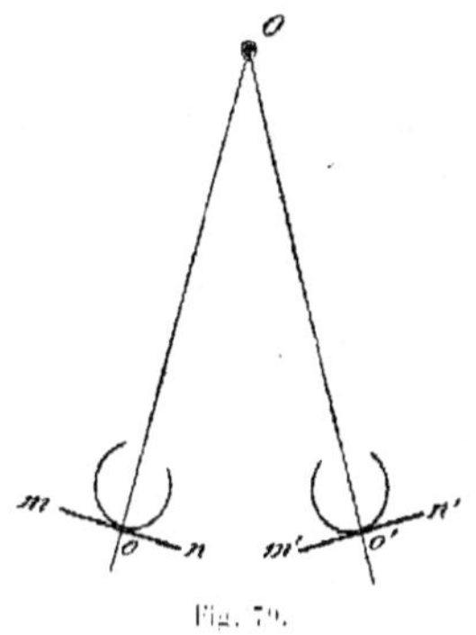

Fig. 79.

des chambres stéréoscopiques doivent forcément prendre la même position. Cela paraît logique et tout à fait naturel, mais il n'en est pas du tout ainsi.

Plaçons sur une chambre noire (fig. 80) une lentille pouvant pivoter sur son diamètre vertical et mettons au point, autant que possible, deux ob-

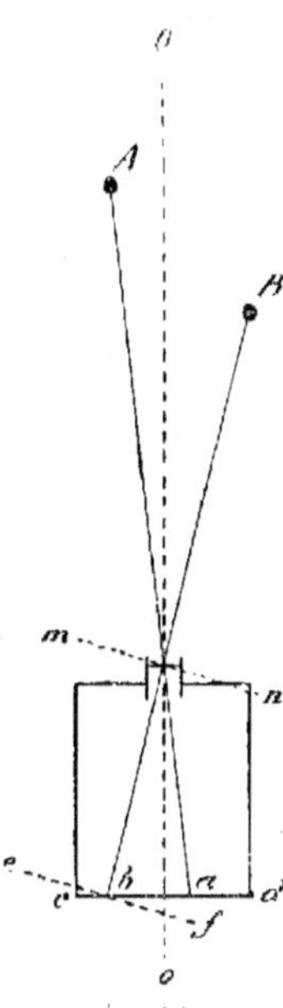

Fig. 80.

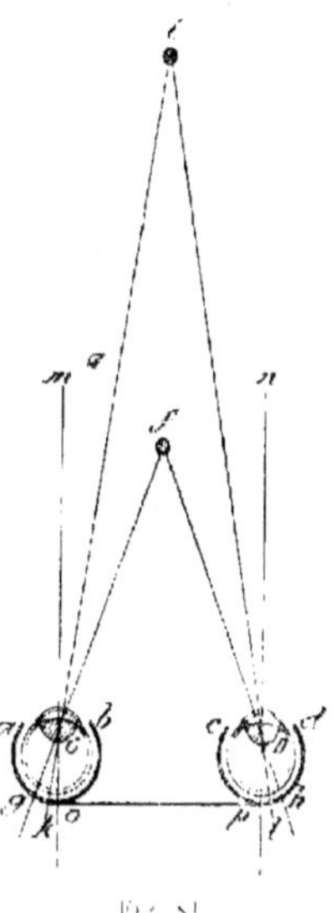

Fig. 81.

jets, l'un en A, l'autre en B. Ils se reproduiront sur le verre dépoli en a et b et leur perspective dépendra pour les deux, ainsi que pour tous ceux qui les examinent, du point de vue placé sur l'axe de la chambre O o, parce que c'est sur le tableau $e\,d$ que les images se forment et que l'axe O o est perpendiculaire à ce tableau. (Un simple trou d'aiguille à la place de la lentille nous donnera le même résultat.)

Faisons pivoter légèrement la lentille (ou le trou d'aiguille, ainsi que le ferait notre cristallin (1), dans la direction $m\,n$, en plaçant son axe sur l'objet B. Le point

(1) Le centre optique du cristallin étant très rapproché du centre de rotation de l'œil, son dépla-

de vue O restera toujours le régulateur de tous les objets qui se trouvent devant le tableau *c d*, par conséquent leur perspective ne subira aucun changement.

Tout autre serait le cas si avec la lentille nous inclinions aussi la chambre en *ef*. Le point de vue passerait sur l'axe B *b*, perpendiculaire à *e f* et toutes les fuyantes dépendraient de ce point.

120) Il en est exactement de même de nos yeux. Supposons les rétines, les plaques sensibles ; les cavités oculaires *a b* et *c d* (fig. 81), les chambres noires ; les cristallins C D les lentilles ; la ligne *o p*, reliant les deux chambres, la base. (Cette base représente notre boîte crânienne, notre tête.) Les points de vue de chaque chambre se trouveront sur les perpendiculaires à cette base, sur les axes G*m*. D*n*. Nous pourrons faire pivoter les lentilles (cristallins) et avec elles les rétines, dans n'importe quelle direction, la perspective des objets dans les chambres oculaires ne changera ni de place ni de forme, le point *f* se reproduira toujours en *g* et *h*, le point *i* en *k* et *l*.

Il est évident que la convergence des yeux n'entraîne aucune modification de l'image qui se peint sur les rétines, ni du point de vue dont dépend la perspective de cette image.

Le point rétinien, impressionné par le rayon lumineux, n'est pas toujours le même et varie suivant que l'œil tourne autour de son centre, mais le point de l'espace où ce même rayon rencontre la surface de la rétine, est invariable quelle que soit la position de l'œil, à condition que la base *o p* soit aussi invariable. Or, cette base étant commune aux deux yeux, il sera matériellement impossible de la faire converger par moitié, comme indiqué dans la figure 79. Les axes de nos chambres noires (cavités oculaires) seront toujours parallèles peu importe la convergence des yeux, par conséquent celles des chambres stéréoscopiques devront l'être aussi si nous voulons obtenir des images reproduisant sur nos rétines les mêmes effets de perspective que ceux produits par l'objet lorsque nous le regardons.

121) Comment pourrait-on soutenir que la ligne A B (fig. 82) est égale à la

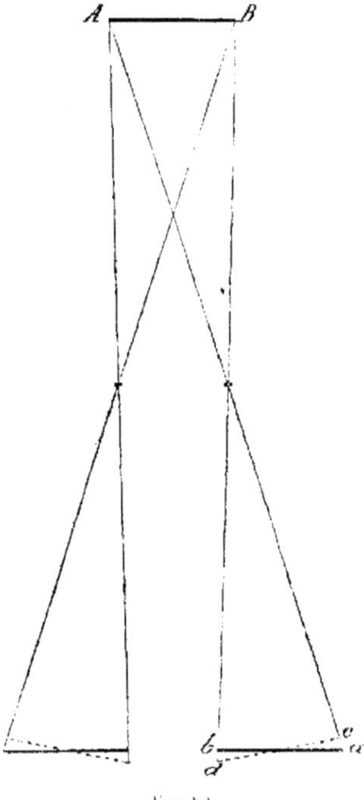

Fig. 82.

____

...ement est presque insignifiant lorsque de l'infini nous passons à la distance de la vision dis-... [illegible] 62.

ligne *c d* obtenue avec une chambre convergente et comment exiger ensuite que cette ligne *c d*, placée dans le stéréoscope, nous donne la même impression que la ligne A B ? Chacun comprendra l'absurdité de cette supposition.

La ligne *a b* seule, obtenue avec des chambres parallèles, sera exactement semblable à la ligne A B, donc la seule pouvant impressionner notre rétine de la même façon.

122) Supposons que nous fassions converger les deux chambres sur un cube placé à 30 centimètres. Celui-ci ne sera plus photographié de face par chaque chambre, mais d'angle, de sorte que les axes allant aux points de vue de chaque image se croiseront ; les lignes d'horizon se trouveront sur deux plans différents produisant ainsi deux cubes dont les arêtes iront dans des directions symétriquement opposées.

Nous reproduisons en A (fig. 83) les deux images d'un cube de 3 centimètres de côté placé à 30 centimètres, vues par chacun des yeux, et en B les deux du même cube obtenues avec deux chambres convergentes. La fusion des premières nous donnera l'illusion exacte du cube, celle des secondes sera matériellement impossible.

123) En opérant avec des objectifs à axes

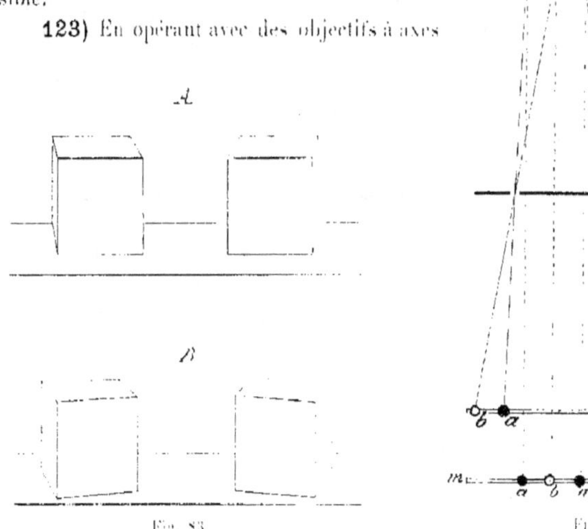

parallèles, la convergence est tout simplement obtenue par les écartements des homologues. Un cercle A (fig. 84) se reproduira en *a a* ; un cercle B, en *b b* et ce seront précisément les distances $a\,a'$ et $b\,b'$ qui, obtenues ainsi et vues au stéréoscope, correspondront, une fois transposées sur le stéréogramme $m\,n$, à la convergence que nos yeux devront prendre pour voir chaque cercle de la même façon, à la même place et de la même grandeur. En effet, en plaçant le stéréogramme $m\,n$, dans le stéréoscope en $m'\,n'$, nous constatons que les homologues $a\,a'$ et $b\,b'$ se trouvent exactement sur les mêmes rayons de convergence qui ont servi à les obtenir ; motif pour lequel tout stéréogramme doit être vu à la distance du foyer de la chambre qui l'a produit.

124) Les axes des objectifs étant parallèles et leur écartement de 70 millimètres correspondant à la vue à l'infini (39), les homologues reproduits sur la plaque sensible, écartés de 70 millimètres, représenteront un point placé à l'infini. Ce point s'approchant, les objectifs s'éloigneront de la plaque sensible et les homologues qui le représentent s'écarteront successivement. Arrivés à 140 millimètres, le point se trouvera à la distance de la vision distincte (30 centimètres), les objectifs à 30 centimètres de la plaque et la reproduction aura la grandeur naturelle.

L'écartement des homologues sur la plaque sensible variera donc entre 70 millimètres et 140, suivant exactement l'angle formé par la convergence des yeux.

A la transposition des images, les homologues prendront leurs places naturelles, variant entre 70 mm. (infini), jusqu'à complète superposition (grandeur naturelle).

Pour obtenir la fusion nous serons obligés de subordonner le stéréoscope à l'angle $a\,A\,a'$ en modifiant les lentilles depuis Sph. + 6, Prisme 12° (23), jusqu'à de simples prismes de 10°, et sa profondeur (foyer), depuis 15 centimètres jusqu'à 30. Les images subiront un déplacement en rapport à la diminution d'écartement des homologues et à la réfraction des prismes (134), obéissant toujours aux règles de la convergence.

TABLEAU donnant les indications nécessaires pour la reproduction des objets depuis l'infini jusqu'à la grandeur naturelle avec des objectifs de 15 centimètres de foyer.

Distance de l'objet	Foyer de la chambre	Écart des objectifs	Écart des homologues (ou images)	Un mètre se reproduit à	Foyer (Profondeur) du Stéréoscope	Lentilles		
Infini	0.150	0.070	0.070	Sans brassard	15 c m.	6. diop.		
4.650	0.155	0.0685	0.071	0.033	15 —	—		
2.400	0.160	0.062	0.0736	0.066	15	—		
1.650	0.165	0.0687	0.0755	0.100	16	5. —		
1.275	0.170	0.0683	0.0774	0.125	17			
1.050	0.175	0.0680	0.0795	0.166	17	—		
0.900	0.180	0.0676	0.0811	0.200	18 —			
0.525	0.210	0.066	0.092	0.400	21 —	Sph. + 4. Pr.		4
0.400	0.240	0.0647	0.103	0.600	24 —		3 —	6
0.337	0.270	0.0637	0.115	0.800	27		1 —	8
0.300	0.300	0.063	0.126	Un mètre	30		0	10

Nous croyons donc pouvoir conclure :

Les objectifs accouplés de la chambre stéréoscopique ne pourront, sous aucun prétexte, converger vers un point. Leurs axes étant assimilés aux axes des cônes optiques devront rester toujours parallèles.

125) Quelques physiologistes, pour soutenir des théories très douteuses, n'ont pas craint de tourner en ridicule les lois de la perspective. Ces lois sont absolues, incontestables. Les expériences, les calculs, nos yeux confirment leur exactitude. Nous devons donc nous y soumettre et surtout les bien consulter avant d'émettre des opinions risquées.

Nous ne pouvons nous empêcher de citer le passage de M. F. DILLAYE, dans son « Paysage artistique en photographie » :

« Ceux qui ne se doutent pas
« des lois de la perspective, et la
« plupart des constructeurs des
« chambres noires sont du nombre,
« se figurent candidement qu'il
« n'est nullement besoin d'un dé-
« placement latéral de l'objectif
« pour modifier la place du point
« principal de fuite et qu'il suffit
« de faire pivoter l'appareil sur
« son pied. C'est une erreur, car
« les lignes perpendiculaires au
« tableau avant le pivotement de-
« viennent des obliques après
« le pivotement et convergent
« alors vers un point de fuite qui
« n'est plus le point principal de
« fuite. On a donc un autre tableau, mais non modification du tableau primitif par
« le seul changement du point principal de fuite. »

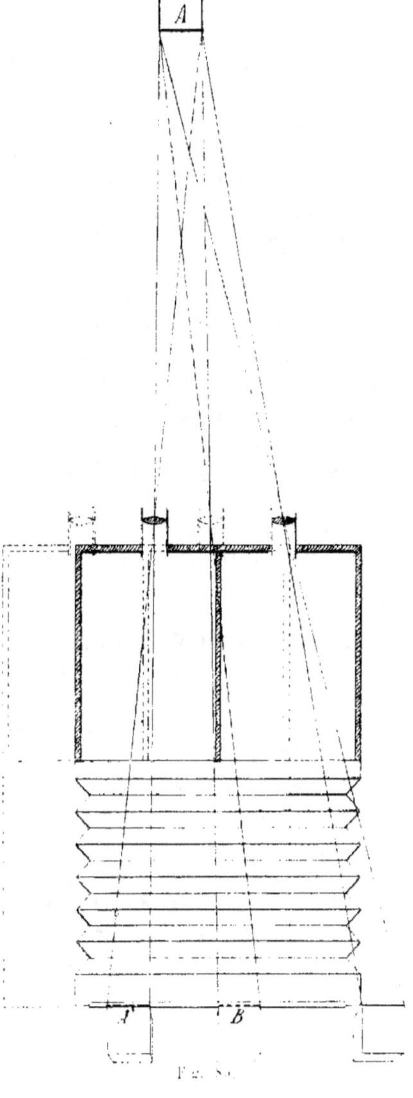

DÉPLACEMENT DES CHAMBRES

126) Si, pour reproduire de petits objets en grandeur naturelle et éviter que les images sortent de la plaque sensible, quelques-uns ont eu la malheureuse idée de faire converger les chambres, d'autres ont cru mieux faire en les déplaçant successivement devant l'objet à photographier, se souciant peu de l'écartement des points de vue qui, de ce fait, se trouvait réduit à 2 ou 3 centimètres, changeant totalement la perspective de l'objet.

Certainement la complaisance des yeux est grande, car la fusion des images a toujours lieu, mais c'est dans la restitution du relief que l'exagération se produit, ce que nous verrons sera loin de nous donner l'illusion de la réalité. L'épaisseur, la profondeur de l'objet, changera avec l'écartement donné aux objectifs, les faces fuyantes seront réduites et l'image obtenue ne correspondra plus à ce que nous verrions si nous regardions l'objet directement.

Soit le cube A (fig. 85), à reproduire en grandeur naturelle. Poussons successivement l'objectif gauche et ensuite le droit devant le cube. Si la première image A' est exacte, celle de droite B ne le sera pas du tout et comment pourrons-nous prétendre placer devant l'œil droit, qui est à environ 65 millimètres du gauche, une image obtenue dans ces conditions? Évidemment nous le forçons à voir ce qu'il ne pourra jamais voir dans la réalité.

REPRODUCTION STÉRÉOSCOPIQUE DE PETITS OBJETS
EN GRANDEUR NATURELLE

127) Le désir de reproduire de petits objets en grandeur naturelle et l'impossibilité matérielle de les obtenir, occasionnée par l'écartement inexplicable des objectifs des anciennes chambres stéréoscopiques (90 millimètres), ont donné lieu à des essais de toute nature et à d'interminables discussions.

Les uns ont conclu à l'absolue nécessité de faire converger les chambres sur l'objet pour placer les images au milieu des plaques sensibles (118), d'autres ont préféré leur déplacement successif (126), pour arriver au même résultat. Nous avons vu que dans les deux cas c'est la complète déformation des objets par une fausse perspective et la production de l'absurde.

Nous allons démontrer avec quelle facilité nous pouvons obtenir les deux images en grandeur naturelle et qu'il suffit d'une simple modification au stéréoscope pour avoir une fusion parfaite et un relief naturel.

128) Le stéréogramme ordinaire représente les images de l'objet (du paysage) prises dans les cônes visuels à la distance de la profondeur (foyer) de la chambre noire qui les a produites.

Une chambre de 15 centimètres de foyer (fig. 86) aura les images négatives d'un objet A en *b b'* et les positives devront être placées dans un stéréoscope de même foyer en *c c'*.

A ces conditions seulement et avec le concours des lentilles (187), nous aurons l'illusion exacte de l'objet A.

129) Nous devrons procéder de toute autre façon si nous voulons obtenir la fusion des images

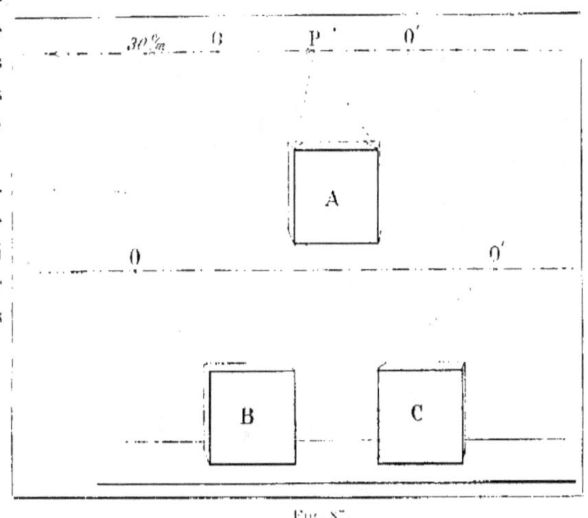

Fig. 87.

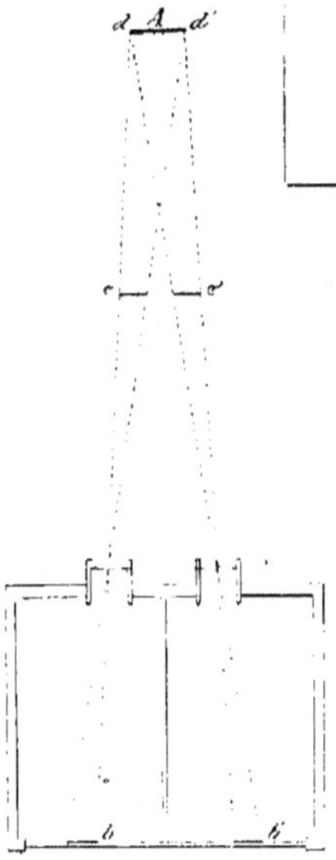

reproduites en grandeur naturelle. Le cas ne sera plus celui des images *c c'* formées dans le cône visuel de chaque œil et absolument distinctes, elles seront formées en *d d'*, là où les bases des cônes se confondent avec l'objet lui-même.

Plaçons à 30 centimètres de distance un cube de 3 centimètres de côté (fig. 87). Regardons-le successivement avec l'œil gauche et avec l'œil droit. Le premier verra toutes les fuyantes du cube se diriger vers le point O et le second vers le point O'. Les deux impressions fusionnées auront leur point de vue en P, et toutes les fuyantes se dirigeront vers ce point. C'est cette résultante que nous serons obligés de décomposer pour pouvoir placer devant chaque œil l'image qui lui appartient.

Fig. 86.

Nous y parviendrons, soit par le dessin, soit par la photographie. Dans le premier cas en dessinant les deux cubes B et C avec la même hauteur d'horizon, les mêmes points de vue et de distance que ceux du cube réel A. Dans le second cas, avec la chambre stéréoscopique dont les objectifs auront un écartement en rapport à l'épaisseur de l'objet.

130) Nous avons vu §§ 61 et 105, que pour avoir au stéréoscope une fusion convenable et atténuer autant que possible le mauvais effet des doubles figures, la différence d'écartement entre les homologues du premier plan et ceux du dernier ne devait excéder, pour un stéréogramme 7/14, 4 à 5 millimètres environ.

Or, pour rester dans ces limites avec des objectifs écartés de 70 millimètres,

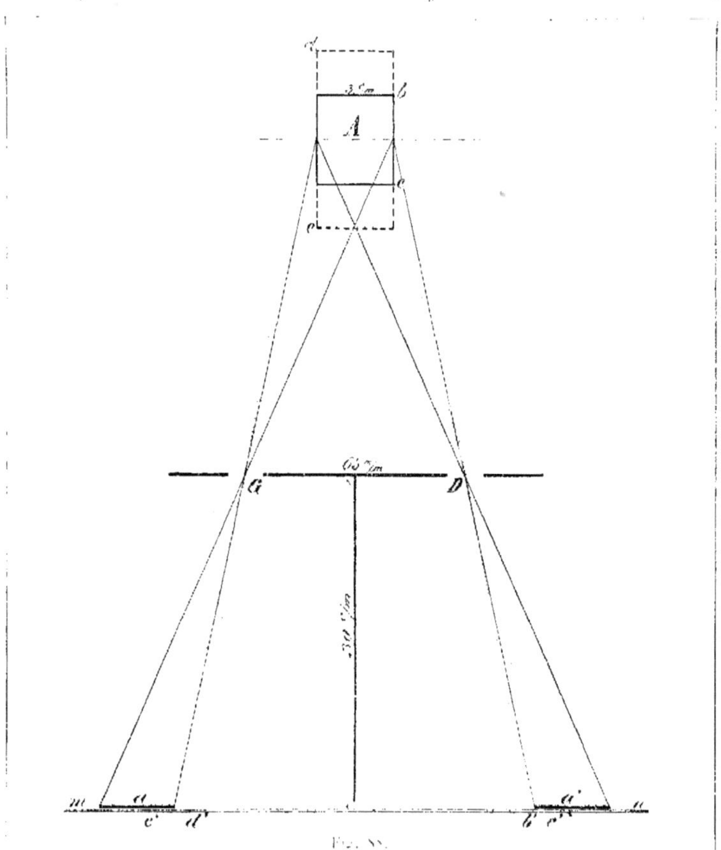

Fig. 88.

nous ne pourrions reproduire en grandeur naturelle que des objets ne dépassant pas 2 centimètres d'épaisseur. Un objet de 4 centimètres nous donnerait déjà une différence de 10 millimètres, un de 6, une de 14, etc., etc., rendant la fusion de plus en plus difficile et le relief invraisemblable.

Pour obvier à ces inconvénients, nous n'aurons qu'à diminuer légèrement l'écartement des objectifs. Ici nous n'aurons plus à tenir compte de la faculté de divergence des yeux, dont il est question § 44, l'espace embrassé étant considérablement réduit par la proximité du sujet. (Voir tableau § 124.)

Avec un écartement de 63 millimètres, un objet de 4 centimètres d'épaisseur produira une différence de 8,44 ; avec un écartement de 58 millimètres cette différence ne sera plus que de 7,78. Naturellement nous changeons chaque fois les points de vue de place et par là la perspective de l'objet, mais cela d'une façon insignifiante et tout au profit de la fusion, tant que la réduction de cet écartement ne sera pas exagérée (126).

131) Supposons les foyers des objectifs de 15 centimètres et leur écartement de 63 millimètres, nous aurons sur la plaque sensible *m n* (fig. 88), à une profondeur de 30 centimètres, les deux négatifs *a a'* écartés de 126 millimètres et en grandeur naturelle d'un cube A de 3 centimètres de côté placé à 30 centimètres.

Le point *b* se reproduisant en *b'* et le point *c* en *c'*, l'écartement des homologues les plus éloignés sera sur le stéréogramme (fig. 89) de 66 millimètres, celui des plus rapprochés de 60, par conséquent la différence entre les deux, de 6 millimètres. La fusion aura lieu sans fatigue et le relief sera naturel.

Mais si, au lieu de 3 centimètres d'épaisseur notre objet en a 6, les points *d* et *e* (fig. 88) se reproduiront en *d'* et *e'* et la différence d'écartement des homologues extrêmes sera de 12 millimètres, ce qui rendra la fusion difficile et le relief invraisemblable. Nous serons donc obligés de réduire dans ce cas l'angle *d* G *e* en diminuant l'écartement G D et réduire par là la différence de 12 millimètres existant entre 57 et 69 (fig. 89).

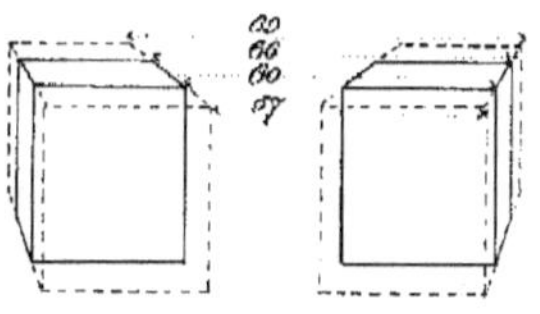

Fig. 89.

132) Nous pouvons constater ces mêmes inconvénients dans la vision ordinaire si nous regardons un objet plus ou moins volumineux, placé à la distance de la vision distincte. Ils passent inaperçus grâce à la mobilité extrême des yeux, qui convergent plus ou moins, et de la tête qui avance ou recule suivant le besoin. Mais la plaque sensible, qui enregistre l'impression du près et du loin simultanément, reproduira cette impression par le stéréogramme sur les rétines. Aucun changement de convergence, ni aucun déplacement de tête ne pouvant intervenir suffisamment pour aider la fusion, celle-ci n'aura pas lieu dans les conditions voulues (61) et produira un relief exagéré.

C'est donc pour régulariser les images qui doivent impressionner les rétines et modifier l'écartement de leurs homologues extrêmes, que nous nous voyons obligés de réduire l'écartement des objectifs.

133) Nous pouvons donc conclure que l'objet à reproduire devrait avoir tout au plus 40 à 45 millimètres d'épaisseur. La largeur et la hauteur dépendront de la dimension de la plaque sensible (141, 186, fig. 121).

Une forte diaphragmation sera indispensable pour obtenir des images nettes à tous les plans.

Avec une chambre à un seul objectif (147), le champ des opérations sera beaucoup plus vaste, nous pourrons reproduire des objets de plus grande dimension. La seule difficulté sera de pouvoir fusionner convenablement les images en appropriant les prismes à leur écartement.

134) Les deux images obtenues, soit par le dessin, soit par la photographie, il faudra avoir recours à un appareil d'optique spécial pour les voir aux places qu'elles devraient occuper pour que les impressions sur les rétines soient les mêmes que celles reçues par l'objet réel.

Tout agrandissement produit par les lentilles devenant inutile, nous remplacerons celles-ci par de simples prismes dont le degré sera en rapport avec l'écartement que nous voudrons donner aux images sur le stéréogramme. Cet écartement ne dépendra plus de celui des yeux, comme dans la stéréoscopie ordinaire, du moment que ces deux images doivent être vues à la distance et à la place qu'occupait l'objet lui-même.

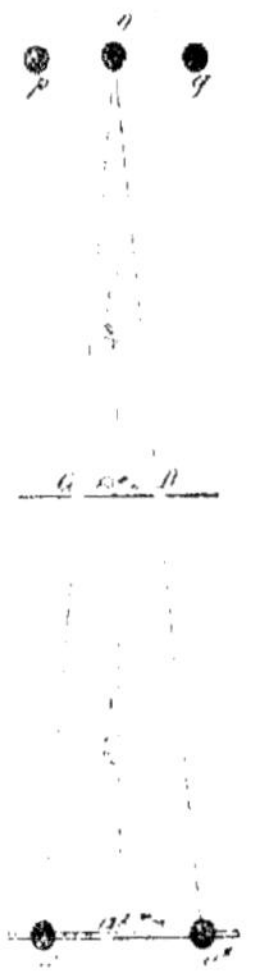

Sachant qu'un prisme de 10 degrés déplace d'environ 3 centimètres un point situé à 30 centimètres, nous n'aurons qu'à placer les deux images sur un carton, écartées de 6 centimètres de centre à centre. Nous les regarderons dans un stéréoscope de 30 centimètres de profondeur, muni de deux prismes de 10 degrés, où nous verrons le cube en relief et de la même grandeur que le cube réel.

La seule fonction des prismes est, non de superposer les images, car nous verrions un mélange inextricable de lignes, mais de les ramener sur les rétines aux places exactes qu'elles devraient occuper si nous regardions le cube directement.

Fig. 90.

135) Si de nos yeux G D (fig. 90), nous regardons l'objet O, chaque œil le verra d'une façon différente et verra exactement les mêmes images que celles reproduites par l'objectif D en O' et par l'objectif G en O'', leurs axes étant parallèles.

Or, pour que les deux images O' O'' nous donnent l'impression de l'objet réel, il faudra qu'elles soient placées en O. La chose étant matériellement impossible, nous aurons recours aux prismes qui réfracteront en O les deux images O' O'' placées en p q, avec un écartement d'homologues en rapport à l'angle des prismes.

L'angle de convergence G O D, étant le même que l'angle de l'exécution photographique O' O O'', les images obtenues auront forcément la même perspective, et il n'y aura pas de raison pour que, si par un moyen d'optique quelconque nous les voyons aux places qu'elles doivent occuper, elles ne nous donnent aussi l'exacte impression de l'objet.

136) Malheureusement tous les yeux n'ont pas le même écartement, ni une vision distincte toujours à 30 centimètres. Il faudrait donc, pour que chacun puisse voir dans le stéréoscope l'objet tel qu'il le voit directement, établir pour chaque individu des stéréogrammes avec des objectifs, non seulement écartés en conséquence, mais d'un foyer correspondant à la distance de sa vision distincte, et des stéréoscopes où les déplacements des homologues produits par les prismes correspondraient aussi à la même distance, c'est à dire au point de croisement des axes optiques.

Vu ces difficultés d'exécution le mieux sera, pour certains yeux, de se contenter d'un à peu près donnant encore satisfaction suffisante et permettant de voir, sinon la réalité absolue, au moins quelque chose qui l'approche de beaucoup.

137) Nous entendons par « reproduction d'un objet en grandeur naturelle », la représentation exacte de ses dimensions de largeur et de hauteur, prises sur le plan de sa mise au point.

Il faut que, si nous mettons au point sur le plan central $a\,b\,c\,d$ du cube A (fig. 91), ce plan soit exactement reproduit sur la plaque sensible en $a'\,b'\,c'\,d'$. Les faces postérieure $e\,f\,g\,h$ et antérieure $i\,k\,l\,m$ résulteront tout naturellement, la

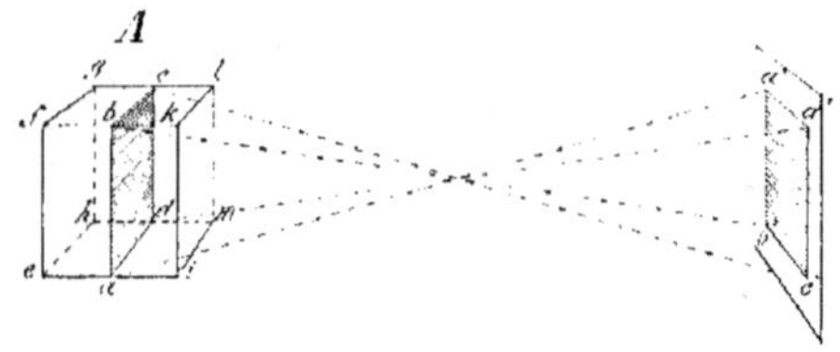

Fig. 91.

première plus petite, la dernière plus grande, telles que nous les verrions si nous regardions le cube directement.

L'objet devra donc être placé entre les axes parallèles des deux objectifs, écartés suivant son épaisseur (130) et son plan central se trouver au double de la distance focale (15 centimètres), c'est à dire à 30 centimètres. (Voir planche I.)

Soit le prisme A B C (fig. 92), à reproduire en grandeur naturelle. La mise au point étant faite sur le plan moyen $m\,n$, ses arêtes sur les images négatives se trouveront en $a\,b\,c$, $a'\,b'\,c'$, et les places exactes qu'elles devront occuper sur le positif, pour que nos rétines puissent recevoir les mêmes impressions, seront sur la ligne $m\,n$ à 30 centimètres des objectifs et précisément en $a\,b\,c$ et en $a'\,b'\,c'$.

Les rayons des homologues positifs $a\,a'$ se croiseront exactement en A, produisant le relief en avant de l'arête A et ceux des homologues $b\,b'$ et $c\,c'$ se croiseront en B et C produisant le relief en arrière des arêtes B et C (14 et 16).

Ces croisements ayant lieu aux places précises occupées par les arêtes du prisme réel, les points $a\,a'$, $b\,b'$, $c\,c'$ formeront sur les rétines, en impressionnant les mêmes points rétiniens, les mêmes doubles figures que lorsque nous regardons le prisme réel en convergent nos axes sur le point O. Par conséquent le relief perçu devra aussi être le même.

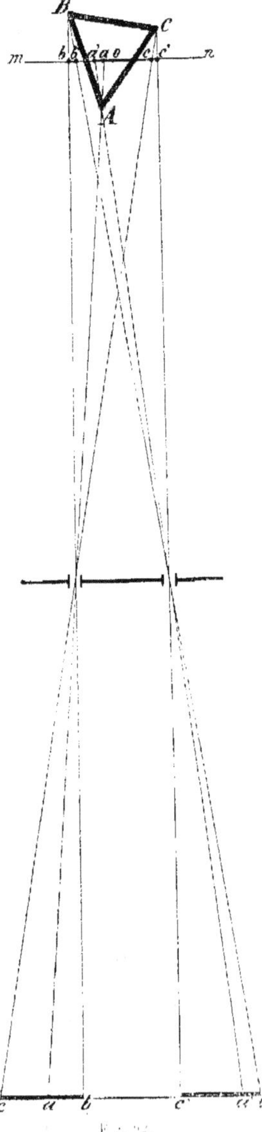

Fig. 72.

138) Ce qui nous frappe à première vue en regardant les images dans le stéréoscope à prismes, c'est le rapetissement de celles-ci dès que la fusion a lieu, rapetissement uniquement apparent, du moment que ce que nous voyons correspond exactement à la grandeur de l'objet réel vu à la même distance (52).

Mais pourquoi ce rapetissement se produit-il ?

Lorsque nous regardons un stéréogramme sans appareils et que nous fixons une seule de ses deux images, tous les points qui le composent, se trouvant sur le même plan, impressionneront des points rétiniens identiques dont la fusion aura lieu simultanément (18). Dès que par le stéréoscope chaque œil reçoit l'impression de l'image qui lui appartient, le relief se produit. La fusion n'ayant pas lieu pour les points les plus avancés lorsque nous fixons les plus éloignés et inversement (16), et nos yeux étant dans l'impossibilité de fixer les deux à la fois, l'ensemble des points rétiniens correspondants, impressionnés simultanément, sera bien moindre que pour l'image vue sur le papier et nous verrons l'objet plus petit, c'est à dire, tel que nous le voyons dans la nature.

Semblable effet se produira si nous regardons l'image d'un seul œil (91).

139) La grande ouverture des angles, due à la proximité du sujet, nous fournit ici l'occasion d'examiner bien en détails la formation du relief au stéréoscope et de constater en même temps l'exacte concordance des constructions géométriques avec les constructions en perspective, c'est à dire le parfait accord de la théorie avec la pratique.

Soit un prisme éloigné de 30 centimètres, à mettre en perspective d'après le plan géométral A B C (fig. 93), tel qu'il est vu par chacun de nos yeux, écartés de 63 millimètres.

Les deux points de vue correspondant à chaque œil se trouveront en a a' et la distance de 30 centimètres sera indiquée par la ligne m n passant par le plan moyen du prisme.

Nous obtiendrons pour l'œil gauche le prisme b a c et pour l'œil droit le prisme b' a' c'.

Si maintenant, des arêtes de chaque prisme nous abaissons des perpendiculaires sur la ligne m n, celles-ci rencontreront les points b b', a a', c c', les mêmes que ceux traversés par les rayons produisant sur la plaque sensible p s (fig. 94), les deux négatifs E, F, obtenus par la photographie, comme indiqué § 137. Ces deux images correspondront, soit comme forme, soit comme dimension, à celles obtenues par le dessin (fig. 93), et ce dernier nous indiquera en même temps à quelles places nous devrons les voir pour que la fusion et le relief puissent avoir lieu. L'illusion sera donc complète si nous plaçons les deux images en E et F (fig. 95) et que par la réfraction des prismes du stéréoscope, nous parvenons à les voir

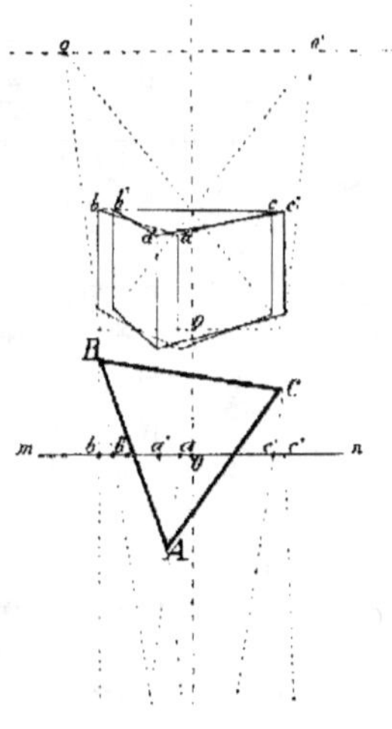

Fig. 93.

aux places indiquées par le tracé perspectif. Le point fixé, c'est à dire celui sur lequel

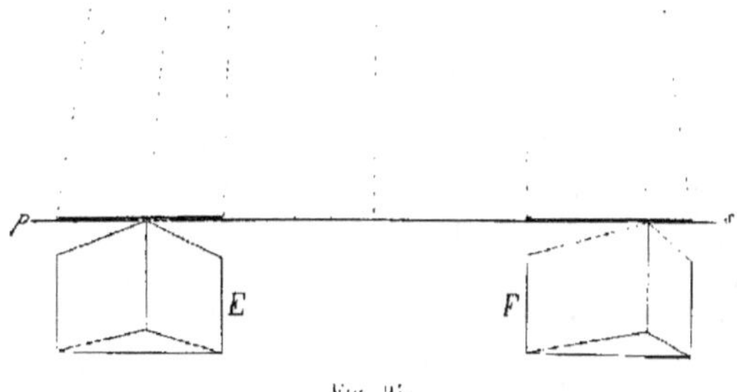

Fig. 94.

nos axes convergent, étant sur le plan m n, en O, celui-ci seul fusionnera et les trois arêtes seront vues doubles, par conséquent en avant et en arrière du dit plan.

La différence d'écartement entre les homologues extrêmes sera ici de 8 millimètres environ, l'épaisseur du prisme étant de 4 centimètres (136).

140) Ici encore nous aurons remarqué que l'illusion du relief nous est donnée par les doubles figures (80), et que la place de ces doubles figures est précisée par les deux points de vue a a' (fig. 93), ayant le même écartement que les objectifs.

Or, comment obtiendrions-nous ces résultats si nos chambres convergeaient sur le point O (119), ou si nous les rapprochions entre elles en conservant leurs axes parallèles (126)? Où prendrions-nous les deux points de vue *a a'* pour construire les deux prismes concordant exactement avec les points indiqués par les croisements des rayons sur la ligne *m n*, ainsi qu'avec les deux prismes E F du négatif (fig. 94)?

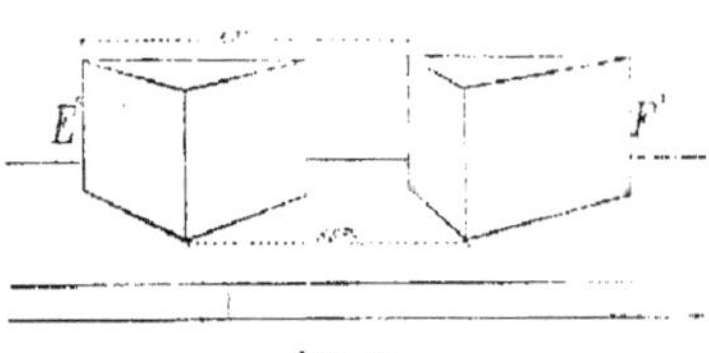

Fig. 95.

Ce que nous obtenons par la photographie doit pouvoir être contrôlé par le dessin, et seulement l'exacte concordance des deux nous assurera du résultat.

141) Tout ce qui précède nous montre avec quelle facilité nous pouvons reproduire de petits objets en grandeur naturelle.

Les dimensions de 4 à 5 centimètres en largeur et 4 centimètres en épaisseur (profondeur) sont les maxima que nous puissions reproduire sans qu'il y ait déformation appréciable au stéréoscope. Il serait préférable de se tenir plutôt en dessous d'autant plus qu'un objet ayant de pareilles dimensions cesse d'être petit et peut très bien être reproduit à moitié grandeur.

Le succès dépendra beaucoup aussi de la profondeur de champ des objectifs.

Théoriquement le stéréoscope à prismes, ayant 30 centimètres de profondeur, devrait être le seul instrument pouvant nous donner l'illusion exacte de l'objet réel, mais pratiquement le stéréoscope ordinaire, ayant 15 à 20 centimètres de foyer, nous donnera, tout en agrandissant légèrement l'objet, une fusion et un relief satisfaisants.

En construisant une chambre spéciale de 15 centimètres de foyer ayant des objectifs écartés de 60 millimètres, pouvant recevoir un châssis contenant deux plaques 9 × 13 (deux 1/2 13 × 18), écartées l'une de l'autre de 3 centimètres, il est possible d'obtenir des reproductions en grandeur naturelle ayant 9 centimètres de large et 13 de haut ; mais toujours d'objets dont l'épaisseur ne dépasse pas 4 centimètres environ.

Cette chambre serait tout indiquée pour reproduire, avec des plaques autochromes, des pièces anatomiques et pourrait servir dans les hôpitaux à l'enregistrement de cas spéciaux, offrant peu d'intérêt pris avec une chambre à un seul objectif (Voir planche II) (1).

Le stéréoscope aurait les mêmes prismes et la même profondeur que celui indiqué § 134. Seule la place des images devrait être augmentée.

142) En reproduisant les objets légèrement au-dessous de la grandeur naturelle,

(1) Nous avons fait construire une chambre semblable et avons obtenu des reproductions tout à fait remarquables dont ci-contre un spécimen.

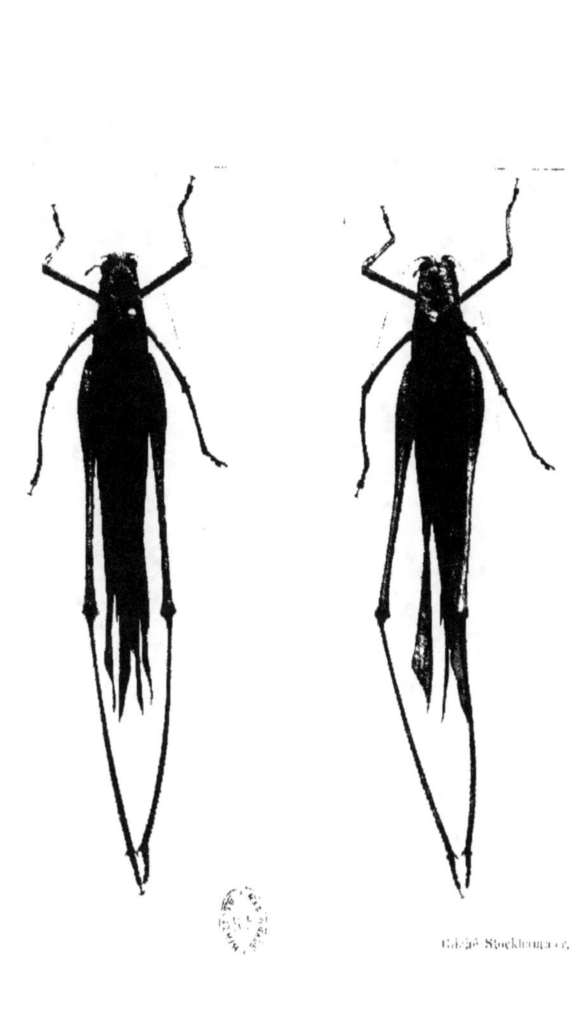

REPRODUCTION EN GRANDEUR NATURELLE (Voir article p. 80).

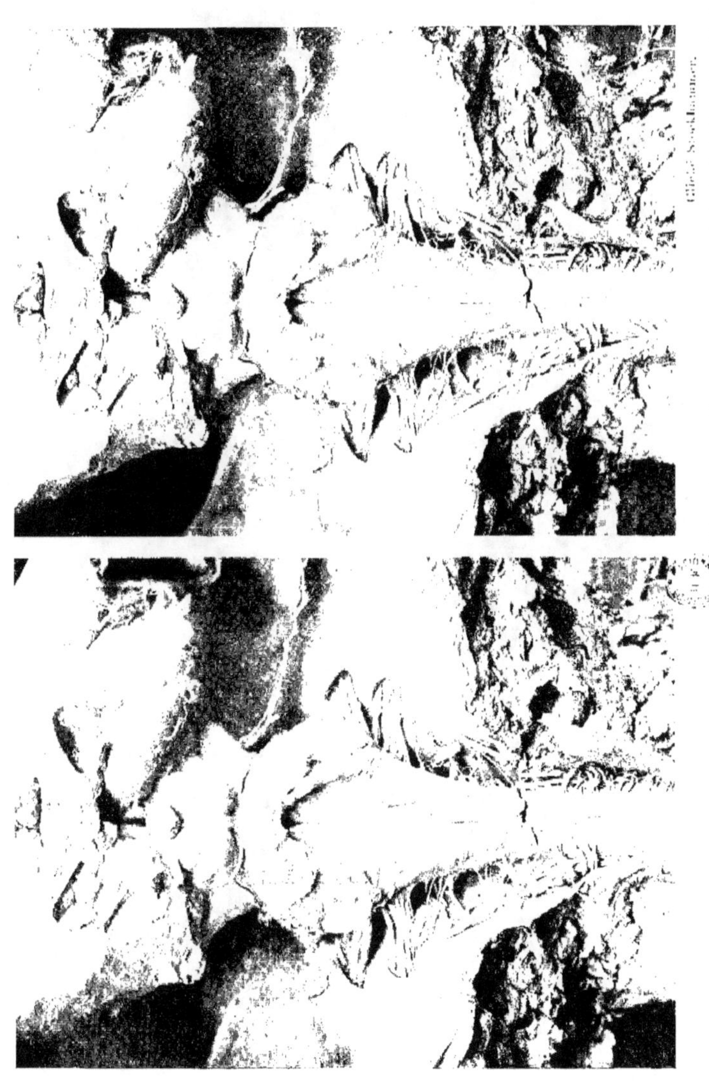

ORIGINE DES NERFS CRANIENS DANS LA RÉGION INFÉRIEURE DU CERVEAU.

REPRODUCTION EN GRANDEUR NATURELLE (Voir § 140).

nous obtiendrons deux images f f', e e'... (fig. 96), se surcroisant plus ou moins suivant la distance. Si, par des combinaisons d'optique, nous pouvons faire voir à chaque œil l'image qui lui appartient, nous verrons l'objet en relief sans avoir recours au stéréoscope, l'effort de divergence que nous aurons à faire étant insignifiant.

Les parallaxes d'Ives, les anaglyphes de Ducos du Hauron, sont tout simplement basés sur ce principe. Le premier, par un grillage placé devant les images, empêche l'œil droit de voir celle de gauche et inversement. Le second peint l'image f en bleu et l'image f' en rouge, obligeant chaque œil à voir la sienne par l'interposition d'un verre rouge et d'un verre bleu.

INFLUENCE DE L'ÉCARTEMENT DES OBJECTIFS SUR LE RELIEF STÉRÉOSCOPIQUE

Fig. 96

143) L'écartement moyen des yeux étant d'environ 63 millimètres, il est tout naturel que pour reproduire avec une chambre stéréoscopique ce qui a été vu par les yeux, ses objectifs devraient aussi avoir le même écartement. De cette façon les points de vue des yeux correspondant avec les points de vue des objectifs, les deux perspectives seraient absolument identiques.

Mais nous avons démontré (41) que nos yeux pouvaient légèrement diverger, nous permettant de fusionner ainsi des homologues ayant un écartement supérieur à 63 millimètres.

Profitant de cette faculté, si nous regardons dans le stéréoscope deux images ayant un écartement des points de vue en rapport au pouvoir de divergence des yeux, nous verrons encore des perspectives exactes, car nous pourrons fusionner les images avec l'écartement choisi pour leur exécution, les axes des yeux pouvant être dirigés sur leurs points de vue respectifs.

144) Après de nombreuses expériences, nous croyons pouvoir fixer cet écartement, pour des objectifs ayant un foyer supérieur à 9 centimètres, à 70 millimètres, maximum qui puisse convenir à presque toutes les vues et cela sans que la perspective ne subisse aucune déformation appréciable.

Or, nous trouvons dans le commerce des chambres stéréoscopiques dont les objectifs sont écartés jusqu'à 110 millimètres !! et chaque constructeur prétend que son écartement donne le meilleur résultat, le relief le plus profond, le plus accentué, etc., etc., comme s'il pouvait y avoir plusieurs reliefs correspondants à celui que nous percevons par nos yeux.

145) Nous allons démontrer que l'écartement des objectifs ne peut varier dans de telles proportions, qu'il est rigoureusement soumis à celui des yeux (variant entre 63 et 70), et qu'il est impossible d'en adopter d'autres si nous voulons voir le même relief.

Reproduisons le prisme A B C (fig. 97), avec deux objectifs à axes parallèles G D, écartés de 70 millimètres. Nous aurons les deux épreuves stéréoscopiques *a b c*, *a' b' c'*. Si nos deux objectifs sont écartés de 110 millimètres, en G' D', les arêtes du prisme se trouveront en *e d f*, *e' d' f'*. Pour voir ces dernières images au stéréoscope, nous serons obligés de les ramener au même écartement que les images *a b c*, *a' b' c'* et nous aurons les deux stéréogrammes *m n*, *o p* (fig. 98). Sur les deux, les arêtes *b c*, *b' c'* et *d f*, *d' f'*, occuperont exactement les mêmes places, mais il n'en sera pas de même des arêtes *a a'* et *e e'*. Si l'écartement des premières est dans ce cas de 66 millimètres, celui des secondes ne sera plus que de 62, en conséquence la fusion de ces dernières nous fera voir l'arête A du prisme bien plus rapprochée, le déformant complètement. Plus nous écarterons les objectifs, plus les homologues des points avancés du sujet se rapprocheront sur le stéréogramme et le relief augmentera.

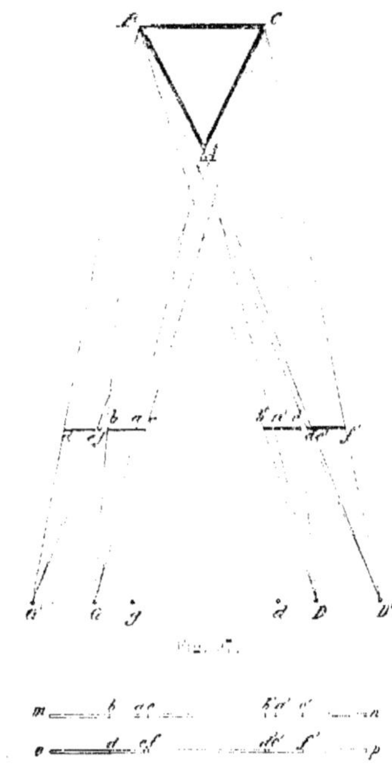

Fig. 97.

Fig. 98.

146) Le contraire se produira si nous rapprochons les objectifs en *g* et *d*, par exemple. Les homologues des points avancés s'écarteront et le relief diminuera. L'unique déplacement sur la plaque sensible de l'arête A par rapport aux arêtes B et C, occasionné par l'écartement plus ou moins grand des objectifs, nous fera voir au stéréoscope le relief exagéré, vrai ou aplati du prisme A B C.

Une fois les images obtenues, que nous les rapprochions, ou que nous les écartions sur le stéréogramme, l'objet représenté paraîtra plus ou moins grand, plus ou moins éloigné, mais son relief ne variera pas, la différence d'écartement entre les homologues extrêmes ne pouvant subir de ce fait aucune modification.

C'est donc le rapport existant entre les écartements des homologues des diffé-

rents plans du même sujet, qui produit les effets de relief plus ou moins accentué, sui-
vant que l'écartement des objectifs se rapproche plus ou moins de celui des yeux.

STÉRÉOGRAMMES OBTENUS AVEC UN SEUL OBJECTIF

147) S'il nous est matériellement impossible de produire les deux tableaux d'un stéréogramme d'un objet en mouvement avec une chambre à un seul objectif, nous obtiendrons par contre les meilleurs résultats en photographiant tout ce qui est immobile.

Il est faux de croire que la difficulté, en opérant avec un seul objectif, réside dans l'obtention de deux clichés exactement de la même valeur, soit comme pose, soit comme développement, car rien n'exige pareille perfection. Le relief étant uniquement

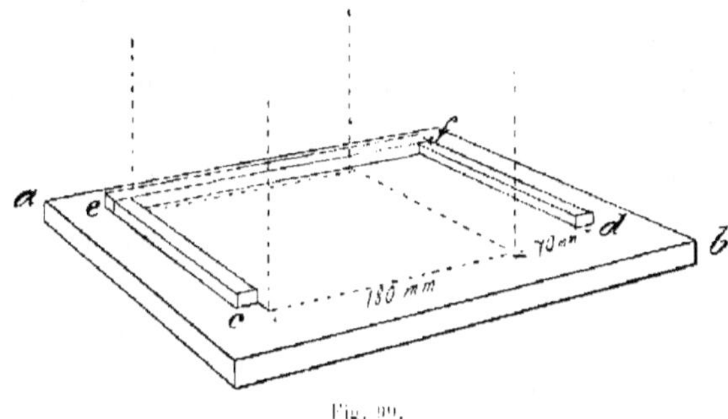

Fig. 99.

donné par les contours des images et non par l'intensité des épreuves, toute difficulté sera d'obtenir ces contours suivant les règles indiquées.

148) Supposons une chambre 13 18, avec une base large de 180 millimètres. Ajoutons à cette base l'écartement des yeux, soit 70 millimètres, nous aurons un total de 250 millimètres. Or, si sur une planchette *a b* (fig. 99), nous fixons les réglettes *c e, d f,* rigoureusement parallèles, écartées de 250 millimètres, réunies par la règle *e f,* et que nous placions notre chambre dans cet espace, il est évident que si nous prenons une épreuve en la poussant dans l'angle *c e f* et une seconde dans l'angle *d f e,* nous aurons deux épreuves répondant à toutes les conditions pour l'obtention d'un stéréogramme parfait.

L'avantage dans ce cas est que nous pouvons nous servir de chambres 13 18 et 18 24 et produire des stéréogrammes ayant ces dimensions.

149) Malheureusement les lentilles et les prismes dont nous pouvons disposer ne nous permettent pas d'obtenir leur fusion sans une déformation de plus en plus sensible des lignes droites, et seulement des combinaisons avec de simples miroirs nous conduiront à un résultat à peu près satisfaisant. Tous les moyens sont bons, pourvu que nous parvenions à placer devant nos yeux les centres (points de vue, *a a'* fig. 100)

Fig. 100.

des deux images *a b* et *c d*, avec un écartement d'environ 70 millimètres. Cela est facile lorsque les images ont 70 millimètres de large, mais dès que cette dimension augmente, le chevauchement obligatoire qui en résulte pour conserver l'écartement nécessaire des points de vue, rend leur perception complète impossible et il faut avoir recours à d'autres combinaisons (33).

150) Il est du reste inutile de chercher à obtenir des images de grandes dimensions. Que nous regardions au stéréoscope un stéréogramme composé de deux images 4 × 5 à la distance de 9 centimètres, ou 18 × 24 à celle de 45 centimètres, les impressions produites sur les rétines seront exactement les mêmes, à tel point que si nous voyons l'image de gauche en 4 × 5 et celle de droite en 18 × 24, chacune à la distance et avec la lentille qui lui convient, ou sans lentilles, simplement par la volonté, nous obtiendrons leur fusion comme si les deux étaient de la même dimension et placées à la même distance (52).

La conclusion de tout ce qui précède est que la chambre à un seul objectif n'est absolument pas pratique pour la stéréoscopie, l'instantanéité étant impossible et la grande dimension des plaques superflue.

L'AGRANDISSEMENT DES STÉRÉOGRAMMES

151) Le point de vue d'un tableau étant le centre perspectif autour duquel tout converge et auquel chaque fuyante doit sa direction (99), il est évident que dans tout agrandissement nous devrons tenir grand compte de ce point.

Sur une photographie ordinaire (fig. 101), ayant son point de vue en O, si nous voulons agrandir la partie A, nous pourrons le faire sans que cela nuise d'une façon apparente à la perspective du tableau. Nous remarquerons seulement que le point de vue est hors du tableau, effet que les peintres recherchent parfois et tout sera dit.

152) C'est tout autre chose pour l'agrandissement des épreuves stéréoscopiques. Les points de vue des deux tableaux étant obligatoirement sur les axes des objectifs, il nous sera impossible de les changer de place. Tout agrandissement ne pourra être fait qu'autour de ces points en tenant toujours compte que leur écartement ne devra jamais excéder 70 millimètres.

Les explications que nous avons données § 150, pour les images 13 × 18 et

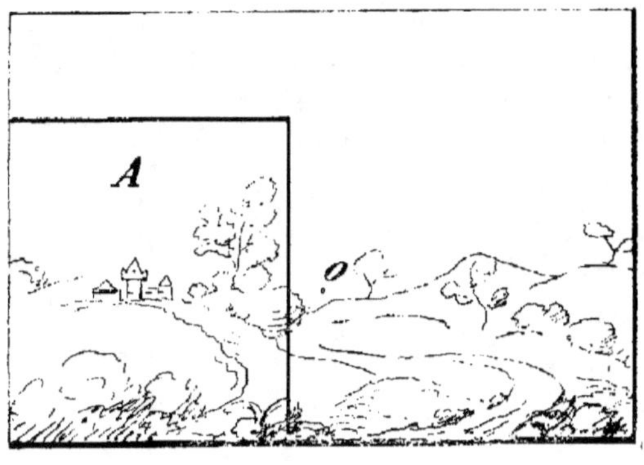

Fig. 101.

18 × 24, s'appliquent aussi aux agrandissements qui n'ont aucune raison d'être en stéréoscopie.

STÉRÉOGRAMMES EXÉCUTÉS ET VUS DE TRAVERS

153) Tout stéréogramme exécuté avec une chambre inclinée dans un sens quelconque, doit fusionner normalement au stéréoscope à condition que nous inclinions notre tête et le stéréoscope dans le même sens lorsque nous le regardons.

Une perpendiculaire impressionnera nos rétines en a b, a' b' (fig. 102). A mesure que notre tête s'incline, les deux lignes c d, c' d', tout en conservant leurs directions, impressionneront des points rétiniens différents, mais toujours correspondants.

Or, si nous remplaçons les yeux par des objectifs, et qu'avec la même inclinaison nous reproduisions la même perpendiculaire, nous obtiendrons le stéréogramme a a.

Introduit dans le stéréoscope, la fusion aura lieu dès que notre tête aura atteint l'inclinaison nécessaire pour que les points rétiniens impres-

Fig. 102.

sionnés soient exactement les mêmes que ceux impressionnés par la ligne réelle lorsque nous la regardons avec la tête inclinée sous le même angle.

La fusion sans appareils aura lieu dans les mêmes conditions.

154) La fig. 103 représente la construction d'un cube sur un stéréogramme incliné à 15 degrés. Chaque œil aura sa ligne d'horizon. Les fuyantes iront aux points de vue $o\,o'$, écartés de 70 millimètres. Les homologues $a\,a'$ auront un écar-

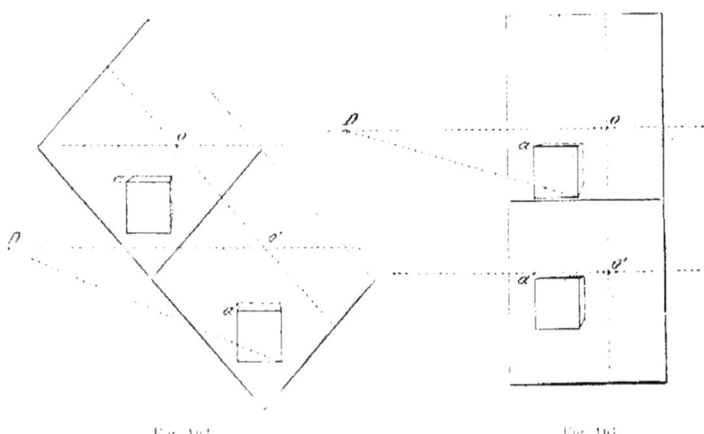

Fig. 103.   Fig. 104.

tement vertical en rapport à la distance du cube réel. Le point de distance D sera à 15 centimètres du point de vue. Nous verrons le cube en relief dans un stéréoscope incliné à 15 degrés.

155) La fig. 104 représente la construction d'un cube sur un stéréogramme vertical, que nous verrons droit et en relief en tenant le stéréoscope dans la même direction et en couchant notre tête dans une position horizontale.

Si donc au développement nous nous apercevons que notre chambre n'était pas d'aplomb, gardons-nous bien de mettre notre plaque aux rebuts. Nous obtiendrons un stéréogramme parfait à condition qu'il soit coupé et collé tel qu'il est et regardé dans le même sens qu'il a été pris. Dans aucun cas nous ne devons chercher à redresser les deux tableaux par le calibrage.

Nous voyons par là que si le besoin l'exige nous pouvons prendre des vues, soit en plongeant, soit en relevant l'appareil, nous n'aurons qu'à les regarder de la même façon.

LA TÉLÉSTÉRÉOSCOPIE

156) Soit une chambre stéréoscopique b c (fig. 105), ses objectifs auront 15 centimètres de foyer et un écartement de 70 millimètres.

Un poteau a, de un mètre de haut, placé à 10 mètres de distance, aura sur le verre dépoli 1 cm. 1 2 de haut et les homologues des positifs seront écartés de 68 mm. 95 (59).

Or, si avec la même chambre nous voulons reproduire ce même poteau à une distance D et de la même grandeur, nous serons obligés de nous servir de téléobjectifs, c'est à dire d'appareils qui reproduiront l'objet comme s'il était vu de b c.

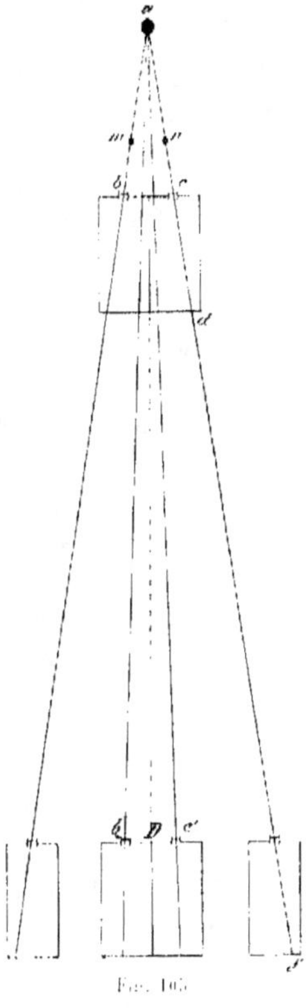

Supposons que le poteau a soit vu par les objectifs b c, à travers deux trous m n. Éloignons notre chambre en b' c' et moyennant les téléobjectifs cherchons à obtenir la même grandeur d'image qu'en b c. La perspective de chaque œil aura changé, l'angle b' a c' étant plus petit que l'angle b a c. Le poteau a ne sera plus vu de la même façon, les lignes de visée ne passant plus par les trous m n, en conséquence l'image obtenue ne sera pas du tout la même que celle prise en b c.

Pour que le résultat soit identique, il faudra que les objectifs b c se trouvent sur les prolongements des rayons a b, et a c, s'écartant à mesure qu'ils s'éloignent et en fonction de l'image que nous voulons obtenir.

Soit :

Fig. 105

G,	la grandeur naturelle de l'objet à reproduire,
q,	la grandeur de l'image sur le verre dépoli,
D,	la distance qui nous sépare de l'objet,
70 mm,	l'écartement des objectifs en b c,
15 cm,	le foyer de la chambre,
x,	l'écartement à donner aux objectifs,

nous aurons :

$$e = D \cdot \frac{g}{G+g} \cdot \frac{0.07}{0.13} \qquad \text{ou bien :} \qquad e = D \cdot \frac{g}{G+g} \cdot 0.166.$$

À la rigueur nous n'aurions qu'à connaître la distance D, car par g et les constantes des objectifs nous pourrions facilement trouver la grandeur de G.

Les axes des chambres devront rester rigoureusement parallèles, le rayon $a\,f$ devra traverser les deux plaques exactement aux mêmes endroits, en $d\,f$, pour que les homologues des positifs retrouvent leur distance primitive de 68 mm. 95.

La convergence des chambres sur le point a ramènerait celui-ci aux centres des plaques et nous aurions tous les inconvénients énumérés § 122.

PROJECTIONS STÉRÉOSCOPIQUES VUES EN RELIEF

157) Supposons un stéréogramme projeté sur un écran. Si, avec un instrument d'optique nous parvenons à réduire les images de façon à ramener l'écartement des homologues à 70 millimètres, nous obtiendrons leur fusion comme si nous les regardions dans un stéréoscope.

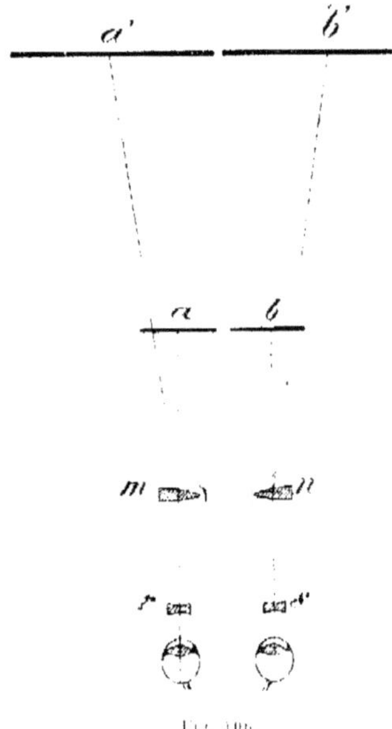

Fig. 106.

Il y a déjà dans le commerce plusieurs appareils construits sur ces bases. Par des lentilles sphéro-prismatiques $m\,n$ et des oculaires $r\,s$ (fig. 106), les images $a'b'$ de l'écran seront réduites et réfractées en $a\,b$, où leur fusion aura lieu instantanément.

158) Nous obtiendrons aussi la fusion et le relief en projetant les images sur l'écran comme indiqué § 142, fig. 96. Celle de gauche $f\,f'$ sera projetée à travers un verre vert, celle de droite $e\,e'$, à travers un verre rouge, en les chevauchant de façon à ce que leurs centres soient à environ 70 millimètres l'un de l'autre. Si nous les regardons ensuite à travers un lorgnon muni d'un verre rouge et d'un verre vert, chaque rétine recevra l'impression de l'image qui lui appartient et la fusion et le relief se produisant tout naturellement. C'est exactement l'expérience de Ducos du Hauron appliquée à la projection.

Pas plus ici qu'ailleurs il ne pourra être question de superposition des images dans le strict sens du mot, car si réellement elle avait lieu, nous ne verrions plus rien (44).

DIMENSIONS DES ÉPREUVES STÉRÉOSCOPIQUES

159) Le format carré, celui généralement adopté pour les images stéréoscopiques, convient plus ou moins à tous les sujets représentés. Il en est même auxquels il ne convient pas du tout.

Pour avoir au stéréoscope un relief convenable et pour bien distinguer le sujet dans tous ses détails, les vues stéréoscopiques sont prises, le plus souvent, à de courtes distances, avec de premiers plans très rapprochés, de sorte que la hauteur domine presque toujours la largeur. Il serait donc logique et rationnel que les appareils employés puissent nous permettre de donner aux images des dimensions en harmonie avec le sujet qu'elles contiennent. Un sous-bois ne devrait pas avoir le même format qu'une marine, un monument qu'un pays plat, etc.

160) Or, il est facile de démontrer qu'en appliquant le format carré aux stéréogrammes obtenus avec des objectifs dont le foyer dépasse environ 10 centimètres, nous sacrifions *forcément* une partie de l'image dans le sens de la largeur et *volontairement* une partie équivalente dans le sens de la hauteur, de sorte que de l'image totale *a b k l* (fig. 107), fournie par l'objectif, nous ne conservons que le carré central *a' b' k' l'*, rejetant tout le reste.

Si donc, dans l'intérêt de l'ensemble, nous pouvons gagner en hauteur ce que nous perdons en largeur, pourquoi ne le ferions-nous pas ?

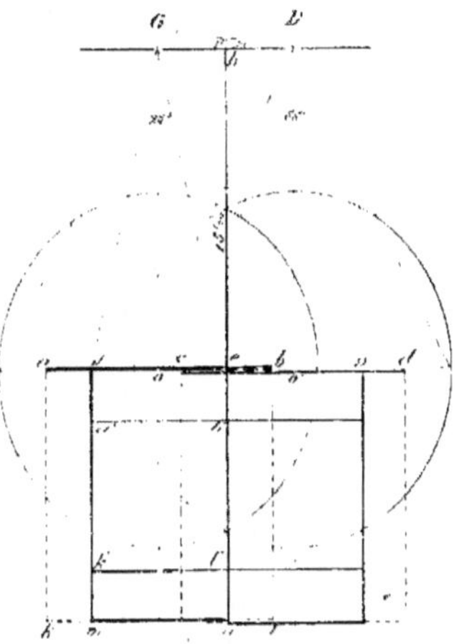

Fig. 107. — Réduite au 1 4 de grandeur.

161) Supposons les deux objectifs G et D, écartés de 70 millimètres, ayant 15 centimètres de foyer, couvrant 58 degrés. Les diamètres des champs auront environ 17 centimètres et les carrés inscrits 12 centimètres de côté. Les images obtenues seront *a b k l* et *c d p q*. Prises dans ces conditions elles se chevaucheront partiellement et seront limitées à leur rencontre par la ligne *h e* (séparation de la chambre), ce qui nous obligera à éliminer les deux portions d'images *c e* et *e b*.

Les points de vue étant en *a'*, *a g* devra être égale à *d' e* et *a f* à *g e*, de sorte que les parties *a f* et *g d* seront aussi sacrifiées. Il nous restera les portions d'images comprises dans un angle de 26 degrés $f e$ et $e g$, dont la largeur correspondra à l'écartement des objectifs, et auxquelles rien ne nous empêchera de donner, suivant le sujet, toute la hauteur dont on pourra disposer (égale à la largeur $a b$), au lieu de les limiter à la hauteur $a' k'$ actuellement adoptée. Le format de l'épreuve serait donc $f c m n$ (Voir planche n° III).

Plus nous écarterons les objectifs, moins les deux champs se chevaucheront et les images augmenteront en largeur. Cette dernière sera limitée par l'écartement des yeux qui peuvent difficilement fusionner au d-là de 70 millimètres.

En examinant la fig. 107, nous comprendrons pourquoi l'écartement de 70 millimètres est celui qui convient le mieux aux grands formats et pourquoi aussi l'espace, laissé généralement entre les deux tableaux des stéréogrammes obtenus avec des foyers supérieurs à 9 centimètres, n'a aucune raison d'être. Ayant de l'image à notre disposition en $e c$ et $e b$, notre devoir est d'en utiliser le plus possible et non d'en supprimer.

162) Tout autre sera le format des images stéréoscopiques obtenues avec les petits appareils d'un foyer de 5 à 9 centimètres où les carrés des champs des objectifs ne se chevauchent pas.

Supposant un foyer de 55 millimètres (fig. 108), et un angle de champ de 58 degrés, les images $r s$, $r' s'$ auront la forme des carrés inscrits dans les cercles, soit environ 45 millimètres de côté. Elles seront proportionnellement réduites, mais

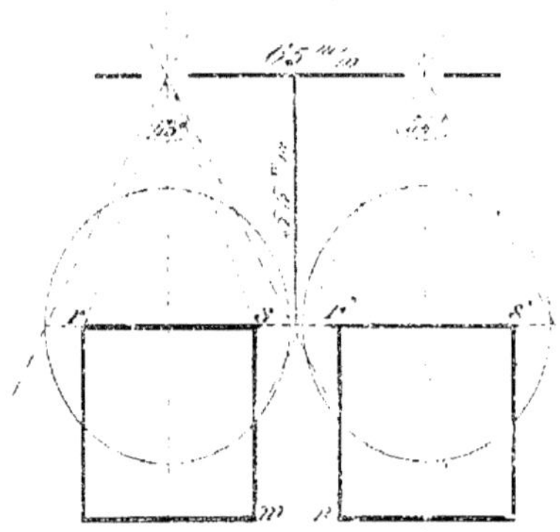

Fig. 108. — Réduction des images totales.

elles contiendront exactement le même sujet que les grandes images obtenues avec un appareil de 15 centimètres de foyer en $a b k l$, $c d p q$ (fig. 107). Nous pourrons, par conséquent, placer devant nos yeux les images totales correspondant aux champs des objectifs, ayant un angle de cercle d'environ 43 degrés et non deux images tronquées ne laissant voir que 26 degrés comme dans l'exemple précédent.

Leur format sera forcément carré. Il est certain qu'en nous servant de caches, nous pourrions leur donner un format en hauteur ou en largeur suivant le besoin, mais alors il faudrait supprimer une partie de l'image, ce qui n'est pas à conseiller, notre but étant d'en avoir le plus possible.

L'espace $m n$ qui existe entre les deux images, pouvant varier sans influencer leurs dimensions, l'écartement des objectifs pourra être conforme à celui des yeux (63 à 65 millimètres). La perspective n'en sera que plus exacte, l'impression sur les rétines plus naturelle. L'avantage des petits appareils est incontestable, ils sont les plus pratiques par leur volume réduit, les plus intéressants par le grand angle embrassé.

163) La figure 109 nous donne une idée exacte des images que nous pouvons obtenir avec des objectifs ayant des foyers variant entre 5 et 15 centimètres. Prenant

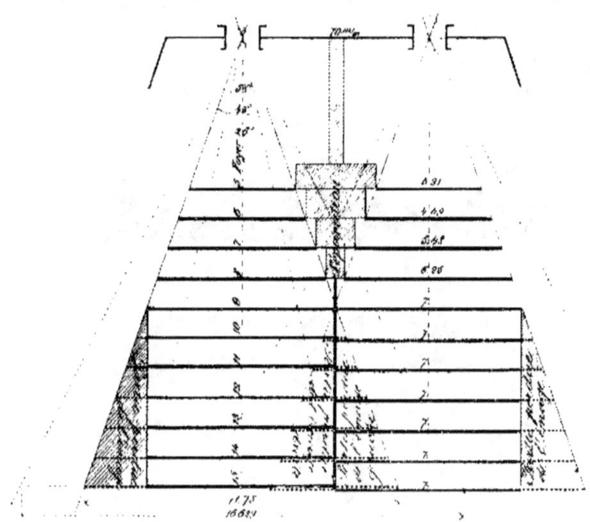

Fig. 109. — Schéma récapitulatif des dimensions des images obtenues avec des foyers différents (Réduction de 1/2).

pour base un angle de champ de 58 degrés, nous pourrons établir le tableau suivant indiquant le maximum d'image obtenable avec chaque foyer.

TABLEAU indiquant le maximum d'image obtenable avec les différents foyers

Foyer	Diagonale du carré, ou diamètre du champ	Côté du carré ou hauteur possible de l'image	Largeur de l'image	Degrés du champ embrassé en largeur		Écartement des objectifs	Écart... de la plaque	Un pourcentage ... à 10 mètres ...
c/m	c/m	c/m	c/m	degrés	degrés	m/m	m/m	m/m
5	5.543	3.94	3.94	43	43	63	39 - 102	8.7
6	6.651	4.69	4.69	43	43	63	47 - 110	10.5
7	7.760	5.48	5.48	43	43	63	55 - 118	12.2
8	8.868	6.25	6.25	43	43	63	63 - 128	14
9	9.977	7.01	7.	43	43	70	70 - 140	15.7
10	11.086	7.82	7.—	39	43	70	78 - 140	17.5
11	12.194	8.61	7.—	36	43	70	86 - 140	19.2
12	13.303	9.41	7.—	33	43	70	94 - 140	21
13	14.411	10.17	7.	30	43	70	102 - 140	22.7
14	15.520	10.97	7.—	28	43	70	110 - 140	24.5
15	16.629	11.75	7.—	26	43	70	117 - 140	26.2

Les chiffres ci-dessus ne sont pas absolus.
L'angle de champ est supposé de 58 degrés, les épreuves sans aucune marge.

Les carrés des foyers 5, 6, 7 et 8, étant suffisamment espacés entre eux, les objectifs n'auront qu'un écartement de 63 millimètres. Pour les foyers au-dessus, nous adopterons l'écartement maximum, soit 70 millimètres, ce qui nous permettra d'avoir le maximum d'image.

Nous remarquerons que c'est au foyer de 9 centimètres que correspond le côté du carré de 7 centimètres ayant la même dimension que l'écartement des objectifs. Les images se toucheront donc complètement, auront la forme carrée et contiendront exactement le même sujet que celles obtenues avec les foyers de 5, 6, 7 et 8 centimètres.

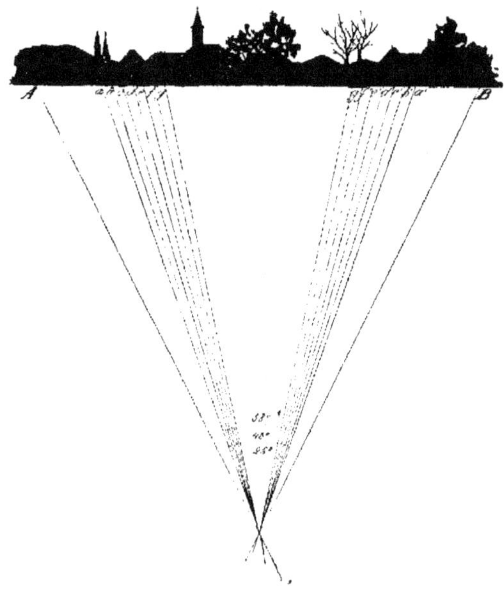

Fig. 110.

Avec le foyer de 10 centimètres le chevauchement commence et va en augmentant à mesure que le foyer s'allonge, pendant que les degrés du champ couvert en largeur diminuent.

La hauteur progressera avec le foyer dans les proportions indiquées dans le tableau ci-dessus, de sorte qu'un foyer de 15 centimètres pourra nous donner des épreuves ayant 7 centimètres de large et 11,75 de haut.

164) La fig. 110 nous montre d'une façon claire et précise l'espace que nous pouvons embrasser avec les différents foyers, supposant l'angle de champ toujours de 58 degrés.

L'angle de champ étant A B, avec un foyer de :

5 à 9 cm. on reproduira l'espace $a\ a'$ (43°), 24.800 mq. à 200 mètres
10 —   — $b\ b'$ (39°), 20.060 —   —
11 —   — $c\ c'$ (36°), 16.890 —   —
12 —   — $d\ d'$ (33°), 14.030 —   —
13 —   — $e\ e'$ (30°), 11.480 —   —
14 —   — $f\ f'$ (28°), 9.950 —   —
15 —   — $g\ g'$ (26°), 8.520 —   —

Si le champ diminue, la dimension des objets augmente. Pour un paysage nous aurons le maximum d'étendue avec le plus court foyer. Pour un portrait en pied, avec un foyer de 15 centimètres nous pourrons facilement obtenir des personnages ayant 8 à 10 centimètres de haut.

A notre avis la plaque 9/14 pourrait fournir les meilleures dimensions pour les stéréogrammes destinés à être collés sur carton. Les objectifs ayant un foyer de 11 ou 12 centimètres, la chambre ne serait pas bien encombrante et les épreuves auraient 7 centimètres de large, embrassant un angle de 35 degrés, et environ 9 centimètres de haut.

Pour les plaques autochromes les dimensions 7 9 (7 de large sur 9 de haut), seraient tout indiquées. Accouplées dans le châssis avec une légère séparation et sans rainures latérales, elles pourraient contenir le maximum d'image. On éviterait ainsi le coupage de la plaque 9 14 pour la transposition, travail toujours dangereux et difficile.

DÉCOUPAGE DES ÉPREUVES STÉRÉOSCOPIQUES

165) Les positifs de petits appareils étant obtenus mécaniquement à l'aide de châssis-transposeurs spéciaux, nous nous occuperons ici seulement des stéréogrammes sur papier, produits avec des objectifs ayant un foyer supérieur à 9 centimètres et écartés de 70 millimètres.

Le calibrage et le collage des épreuves stéréoscopiques est l'opération la plus délicate dans la confection du stéréogramme, celle qui demande le plus de soins, le plus d'attention, celle qui est généralement la plus négligée.

Un stéréogramme bien conditionné impressionne immédiatement les rétines aux places voulues, la fusion est instantanée sans efforts et sans fatigue. Le relief est naturel, sans exagération et l'ensemble du sujet nous donne l'illusion exacte de la réalité avec ses vraies dimensions. Le stéréogramme qui ne possède pas toutes ces qualités est, sans aucun doute, mal collé, ou mal calibré, sinon les deux à la fois.

L'axe de chaque objectif correspondant au point de vue de chaque épreuve, ce

sera ce point que nous aurons à placer sur l'axe de chacun de nos yeux, supposés ici
écartés de 70 millimètres (11).

166) Pour découper nos épreuves d'une façon correcte et rapide, nous n'aurons
qu'à nous servir d'un calibre ayant 140 millimètres de large (si nos objectifs sont
écartés de 70 millimètres), sur 80 ou 120 de haut, suivant la hauteur que nous dési-

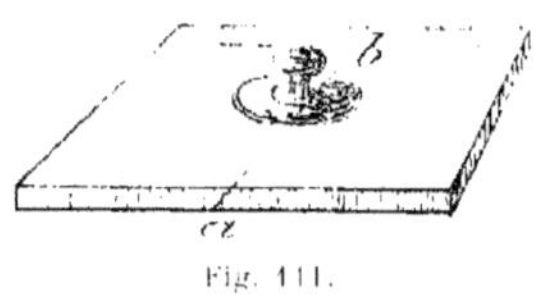
Fig. 111.

rons donner à nos stéréogrammes. Le trait a b
(fig. 111), qui marque le milieu du calibre, sera
placé exactement sur le milieu du trait produit
sur l'épreuve par la séparation de la chambre
(168) et après nous être bien assurés de la parfaite horizontalité des homologues, nous coupe-
rons tout ce qui excède les quatre côtés.

Nous partagerons ensuite l'épreuve par le milieu en comptant les quelques traces
laissées par la séparation centrale.

De cette façon nous aurons la certitude qu'en collant les deux épreuves inter-
verties (170), l'une à côté de l'autre, sans aucun intervalle, l'écartement de leurs
points de vue sera exactement celui des objectifs, c'est à dire de 70 millimètres.

167) Du moment qu'il est matériellement impossible de donner aux objectifs
un écartement de 90 millimètres (145), on comprendra facilement pourquoi la plaque

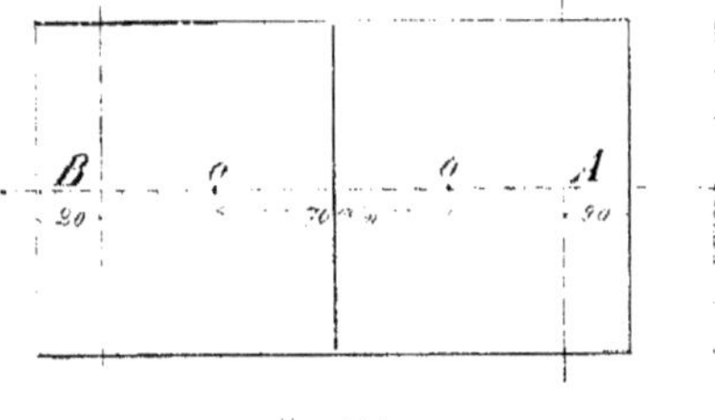

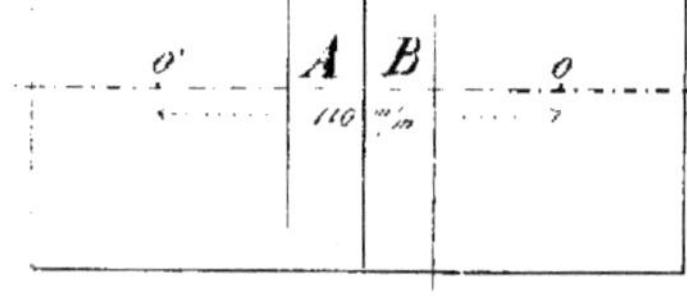

Fig. 112.   Fig. 113.

9 18 ne convient absolument pas au format stéréoscopique. Supposons une telle
plaque impressionnée dans une chambre ayant 15 centimètres de foyer et des objectifs écartés de 70 millimètres. Les points de vue correspondants se trouveront en
a a' (fig. 112), à 70 millimètres l'un de l'autre. A la transposition des images, les
points de vue a a' (fig. 113) auraient un écartement de 110 millimètres et leur fusion
serait impossible. Pour les ramener à l'écartement de 70, nous serons obligés de
supprimer les excédents A et B, qui reportés sur la plaque en A et B (fig. 112),
réduiront celle-ci à 140 millimètres.

Le même inconvénient se produira si les objectifs sont écartés de 90 millimètres.
Nous serons toujours obligés de ramener les points de vue des images à l'écartement
de 70 et perdre ainsi 10 millimètres sur chaque côté de chaque tableau. Alors pour
quelle raison débuter par une plaque 9 18 du moment que nous supprimons ensuite

exactement ce qu'il faut pour la ramener à la dimension 9 14? (Voir planches IV et V).

Il ne faudrait pas croire que nous n'avons qu'à promener un calibre 7 7 sur une épreuve 9 9 et choisir là le motif qui nous convient. Le découpage est rigoureusement subordonné aux points de vue $a\,a'$ (fig. 112), la ligne médiane du calibre 7 7 doit correspondre avec les perpendiculaires passant par ces points.

168) Si l'écartement des objectifs est de 70 millimètres, l'épreuve ne peut avoir ni plus ni moins de 70 de large si nous voulons que les points de vue des images, après leur transposition, aient le même écartement. Il y aura dans ce cas 35 millimètres d'image de chaque côté des points de vue, résultat que nous ne pouvons obtenir qu'avec une séparation intérieure de la chambre stéréoscopique aussi mince que possible (fig. 109), touchant presque la plaque sensible de façon à ne former qu'un simple trait entre les deux images. Nous obtiendrons ainsi un stéréogramme ayant une largeur totale de 140 millimètres, nous permettant d'utiliser jusqu'aux plus petites fractions les images fixées par la plaque sensible.

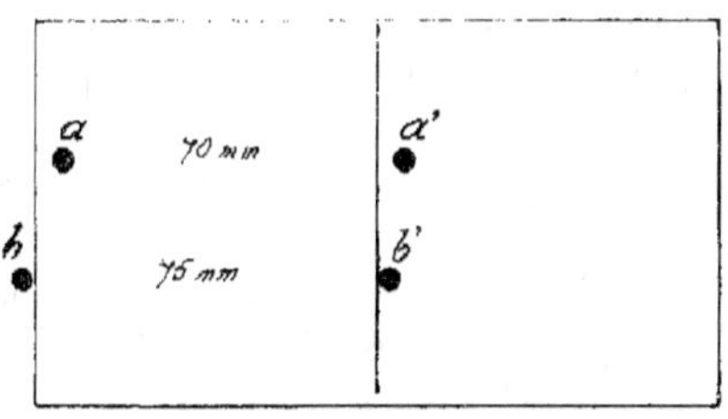

Fig. 114.

169) Vu la différence d'écartement des homologues des plans lointains et des plans les plus rapprochés, il sera matériellement impossible d'avoir sur les deux tableaux exactement le même sujet. Sur les bords extérieurs nous aurons toujours un excédent d'image en rapport à la proximité des premiers plans. Voici pourquoi : nos objectifs étant écartés de 70 millimètres, tout point situé à l'infini se reproduira sur le négatif avec un écartement de 70. Les deux tableaux ayant aussi une largeur de 70 millimètres, un point très éloigné, situé sur la droite, par exemple, reproduira ses deux images négatives à la même distance du bord de chaque épreuve en $a\,a'$ (fig. 115). Mais si ce point dans l'espace se trouve plus rapproché, supposons à 2 mètres des objectifs, l'écartement des homologues sur le négatif sera dans ce cas de 75 millimètres.

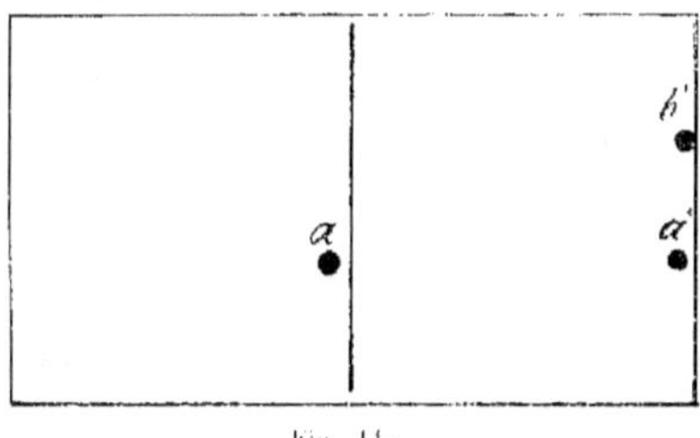

Fig. 115.

Par conséquent, si une des images paraît en b' sur le bord gauche du tableau de droite, l'autre se formera en b à 75 millimètres de b' et ne sera pas visible sur le tableau de gauche.

Au redressement des images, nous aurons sur le positif (fig. 115) le point b sur le bord droit du tableau de droite sans homologue sur le tableau de gauche.

Nous commettrions donc une faute grave en choisissant nos points de repère pour découper les épreuves, sur les bords gauches ou droits des images.

TRANSPOSITION DES ÉPREUVES STÉRÉOSCOPIQUES

170) Beaucoup se demandent encore pourquoi on intervertit les deux images du stéréogramme après tirage et voient dans cette opération quelque chose de mystérieux, d'inexplicable, d'incompréhensible.

La réponse est pourtant bien simple : parce que nous tirons avec deux chambres sur une seule plaque. S'il y avait une plaque pour chaque chambre, ou une seule chambre pour les deux plaques (147), ou encore si nous partagions en deux notre papier sensible avant tirage, la transposition ne serait plus nécessaire, chaque épreuve étant indépendante.

Il s'ensuit qu'après avoir tiré nos épreuves positives, en les retournant nous avons à droite celle produite par la chambre gauche et à gauche celle produite par la chambre droite. Nous serons donc forcés de les transposer sur le stéréogramme pour avoir devant chaque œil l'image qui lui appartient (voir fig. 86).

C'est surtout cette transposition qui demande une grande précision si nous voulons que le résultat final soit parfait. L'horizontalité des droites joignant les homologues, ainsi que l'écartement de ces derniers, qui ne devrait jamais excéder 70 millimètres pour les plans les plus éloignés, doivent être surveillés d'une façon toute spéciale.

171) Admettant que la transposition des images n'ait pas été faite, il est évident que les homologues des plans éloignés seraient moins écartés que ceux des plans rapprochés (36) et au stéréoscope nous verrions ceux-ci s'enfoncer dans le lointain et le lointain s'avancer.

Cette façon de voir le relief à rebours s'appelle « Pseudoscopie ». On a donné les raisons les plus extraordinaires, les plus fantaisistes pour expliquer ce phénomène, qui est pourtant très simple, l'unique cause étant l'inversion d'écartement des homologues.

En intervertissant les deux tableaux de la fig. 73 (110), c'est à dire en les remettant tels que le négatif nous les donne, l'écartement des homologues $h\,h'$ du poteau ne sera plus de 68,95, mais de 71 mm. 05. Les homologues $b\,b'$, qui sur le positif ont 68,60, auront sur le négatif 71,40. Ils seront donc plus écartés que ceux du poteau, de sorte que ce dernier paraîtra plus rapproché que le point résultant de la fusion de b et b'.

Il en sera de même pour tous les plans composant le tableau.

Nous pourrons placer l'image de gauche devant l'œil droit et celle de droite devant l'œil gauche en retournant le positif sur verre et en le regardant par transparence. Ici rien ne sera changé pour ce qui concerne les homologues et leurs écartements. Le paysage sera renversé, mais la fusion et le relief ne subiront aucune modification.

Allée du Parc de la Tête-d'Or, a Lyon.

Cliché Stockhammer.

Stéréogramme en Hauteur (Voir § 159).

VILLA DANS LE TYROL.

Cliché Stockinger.

ÉPREUVE NON INTERVERTIE D'UNE PLAQUE ½ 18 (Noir ½ 16).

Cliché Stockhammer.

LA MÊME, INTERVERTIE AVEC UN ÉCARTEMENT D'HOMOLOGUES DE 70 m. m.

PLANCHE N° V

STÉRÉOGRAMMES EN COULEURS

172) On peut avoir l'illusion de la nature en coloriant les stéréogrammes sur papier, en peignant les détails sur l'un des tableaux et en passant des teintes plates sur l'autre. Il serait extrêmement difficile de peindre les détails sur les deux à cause de la très grande précision nécessaire. Au moindre écart la couleur produirait aussi son relief, nous la verrions quitter l'image et paraître, soit en avant, soit en arrière de celle-ci.

173) On obtient des effets surprenants en coloriant les stéréogrammes sur verre. Cette opération, qui paraît à première vue d'une difficulté insurmontable, devient d'une facilité enfantine si on se rend compte que le travail le plus difficile, les ombres, est déjà réalisé par la photographie.

Des teintes plates, très légères, passées sur les deux tableaux, soit du côté gélatine, soit du côté verre, soit même sur le verre dépoli qui protége la gélatine, nous donneront les résultats les plus inattendus, l'illusion la plus complète.

Le Cosmorama de M. Ad. Cavelier nous montre les merveilles du monde entier, exécutées avec une telle précision et d'une telle vérité, qu'après les avoir contemplées, on garde presque la conviction d'y avoir été. Les couleurs composées tout spécialement, sont à l'aquarelle, par conséquent d'un emploi extrêmement facile.

174) Les effets obtenus par l'application rationnelle des principes de la stéréoscopie, se rapprochent encore plus de la perfection, avec le nouveau procédé de photographie en couleurs découvert par MM. A. et L. Lumière. Nous devons à leur grande obligeance d'avoir pu admirer, entre autres, quelques stéréogrammes obtenus par cette méthode et qui réellement peuvent être comparés, sans désavantage, avec la nature elle-même. Effets les plus extraordinaires de clarté et d'ombre, couchers de soleil avec nuages en feu, groupes de personnages, intérieurs d'appartements en clair obscur, effets de neige et de glaciers, le tout d'une sincérité merveilleuse, d'une étonnante vérité.

C'est le couronnement de la stéréoscopie. Grâce à cette découverte, qui a rendu pratique et mis à la portée de tous la photographie en couleurs, nous pouvons dire maintenant que nous contemplons la vraie nature à travers les lentilles du stéréoscope.

175) Certains prétendent que la plaque autochrome ne peut fournir au stéréoscope les merveilleux résultats que l'on était en droit d'attendre et reprochent au grain de fécule de produire sur toute la plaque un voile réticulé, de sorte que le paysage apparaît comme s'il était vu à travers une fenêtre dont les vitres en seraient recouvertes.

Il est certain que la plaque autochrome, simplement débarrassée de sa couche sensible, nous offre, vue au stéréoscope, deux tableaux remplis de petits cercles de différentes nuances dont les écartements respectifs varient à l'infini et dont la fusion s'opère suivant l'angle de convergence avec lequel nous les regardons, mais si la pose est exacte et la plaque convenablement développée, toutes les nuances étant obtenues à leur juste valeur, chaque point prendra la place qui lui est destinée dans chaque tableau par la nuance correspondante du sujet photographié. Les homologues conservant de ce fait leur écartement naturel, tous ces points seront localisés dans l'espace par la fusion aux places qu'ils doivent occuper. L'absence de points égarés, provenant d'un mauvais traitement de la plaque, évitera la formation du voile réticulé constaté par tous ceux qui n'ont pas encore su tirer de la plaque autochrome tout ce qu'elle cache de charme et de beauté.

LES REFLETS AU STÉRÉOSCOPE

176) Personne n'ignore que les parties brillantes, que nous remarquons sur les objets à surfaces lisses, proviennent de la lumière réfléchie.

Le rayon incident et le rayon réfléchi étant toujours dans un même plan, le reflet n'est pas vu par les deux yeux de la même façon, ni comme nuance, ni comme surface et souvent la partie brillante n'est vue que par un seul œil.

Pour obtenir cet effet au stéréoscope, il faudra reproduire, sur chaque tableau du stéréogramme, exactement ce que chaque œil voit sur l'objet réel.

Le reflet se produira :

1° Par la différence de nuance des deux reflets reproduits sur chaque tableau, dont l'un est toujours blanc ;

2° Par l'écartement des homologues des deux nuances-reflets toujours supérieur à celui des homologues correspondants de l'objet, ce qui rend la fusion des deux reflets impossible.

Le flou inconstant qui en résulte, flou par l'écartement des homologues (80), inconstant par la différence de nuance (73), donnera à s'y méprendre l'illusion du brillant.

En examinant alternativement chaque image d'un seul œil, nous nous rendrons parfaitement compte de l'exactitude de ce qui précède. Nous constaterons le déplacement des deux nuances et la différence de leurs teintes, ainsi que la formation du brillant à la réunion de tous ces éléments lorsqu'en regardant des deux yeux la fusion se produit.

EFFETS DE LUNE AU STÉRÉOSCOPE

177) Lorsque par un soleil couchant, l'horizon garni de nuages en feu, nous parviendrons à obtenir un cliché à contre-jour, il nous sera facile de le convertir en un merveilleux effet de lune nous donnant à s'y méprendre l'illusion de la réalité.

La seule difficulté sera de savoir placer la lune à l'endroit qu'elle doit occuper, car il ne faudrait pas qu'elle paraisse plus rapprochée que les nuages qui l'entourent.

Supposons le positif sur verre *m n* (fig. 116). Le soleil se trouve au point *a*, derrière le nuage du milieu.

Pour que les ombres portées restent à peu près les mêmes, il faudra que notre

Fig. 116.

lune occupe à peu près aussi la place qu'occupait le soleil, seulement pour que nous puissions la voir, nous la caserons dans une éclaircie, non loin de ce dernier, par exemple en *b*.

Dans une feuille de papier légèrement transparent, bleu ou blanc, suivant l'effet que nous voulons obtenir, nous découperons une bande *m' n'* (fig. 117), de la

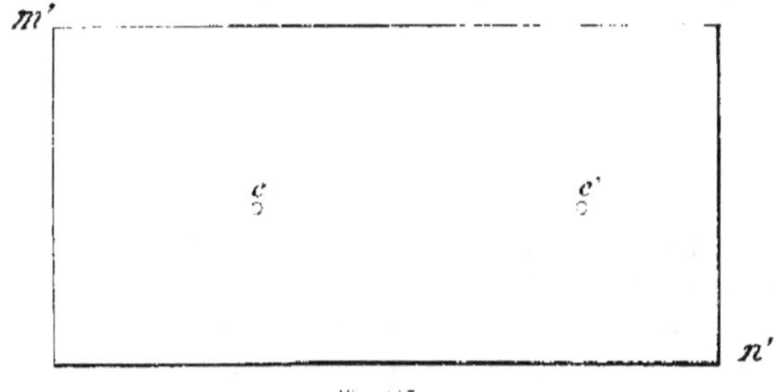

Fig. 117.

dimension du cliché et nous marquerons en *c* le point correspondant exactement au point *b* du positif.

Pour déterminer ensuite le point *c'* du tableau de droite, nous n'aurons qu'à mesurer l'écartement entre deux points homologues des nuages, supposons les points *d d'*. Si la distance entre les deux est de 69 millimètres, nous placerons le point *c'* à 70 de *c*. Si elle est de 64, le point *c'* sera placé à 65, en somme toujours à environ un millimètre de plus et sur la même ligne horizontale.

178) Ces deux points établis, il ne nous restera plus qu'à percer à l'emporte-pièce un trou à la place de chaque point et à glisser ensuite notre papier ainsi préparé entre le cliché et le verre dépoli qui le protège. Vu au stéréoscope dans l'obscurité, éclairé seulement par derrière par une lampe ordinaire, nous aurons l'effet recherché. Il sera encore plus saisissant si le disque de la lune est traversé ou caché en partie, par un nuage, ou se trouve placé derrière des branches d'arbre.

Si sur le cliché nous avons un reflet de soleil dans l'eau, la lune devra être placée exactement au-dessus.

Si par hasard notre lune paraissait trop rapprochée, nous n'aurions qu'à écarter davantage les deux trous, si par contre nous voyons deux lunes (39), les deux trous seraient trop écartés, nous n'aurions qu'à diminuer légèrement leur écartement. Un demi-millimètre en plus ou en moins suffit souvent pour déterminer sa place exacte.

179) Il est certain qu'à chaque foyer doit correspondre un diamètre de lune différent. Sachant que le diamètre de la lune est de 3.480 kilomètres et sa distance moyenne de la terre de 384.000 environ, il sera facile de calculer que pour un foyer de 15 centimètres notre emporte pièce devra avoir 1 mm. 3, mais comme dans notre cas la lune se trouve près de l'horizon et qu'à cette place elle nous paraît toujours plus grande, nous pourrons, sans inconvénient, lui donner 1 mm. 3 de diamètre.

Nous pourrons donc établir l'échelle suivante :

        Foyer jusqu'à 10 centimètres, diamètre 1 mm.
        Foyer de   11   —   —   1,1
            —   12   —   —   1,2
            —   13   —   —   1,3
            —   14   —   —   1,4
            —   15   —   —   1,5

environ.

Quelques petits trous, percés avec une aiguille très fine, à des écartements légèrement supérieurs à celui de la lune, nous donneront l'illusion d'étoiles placées dans le firmament à différentes distances.

Les diapositifs virés au bleu par le chromogène Lumière sont tout indiqués pour les effets de nuit.

LE DÉCENTREMENT DES OBJECTIFS EN STÉRÉOSCOPIE

180) Le décentrement des objectifs a presque toujours lieu de bas en haut, soit pour avoir davantage de ciel sur la plaque, soit pour obtenir les sommets des édifices, des clochers, des arbres, des montagnes, etc., c'est, par conséquent, la ligne d'horizon et avec elle le point de vue qui s'abaissent sur l'image à mesure que l'objectif s'élève.

L'objectif s'élevant, la ligne de terre s'éloigne, celle-ci étant en relation directe avec le champ de l'objectif, du moment qu'elle forme la base du carré inscrit.

Si ces différents changements passent inaperçus sur une simple photographie, ils sont incompatibles avec l'exactitude qu'exige la stéréoscopie, car rien de semblable ne peut avoir lieu dans la vision ordinaire qu'elle doit fidèlement représenter.

181) Supposons notre chambre A (fig. 118) établie correctement, c'est à dire l'axe de l'objectif O, par conséquent la ligne d'horizon et le point de vue P, au centre de la plaque. L'image obtenue dans ces conditions sera exactement la même

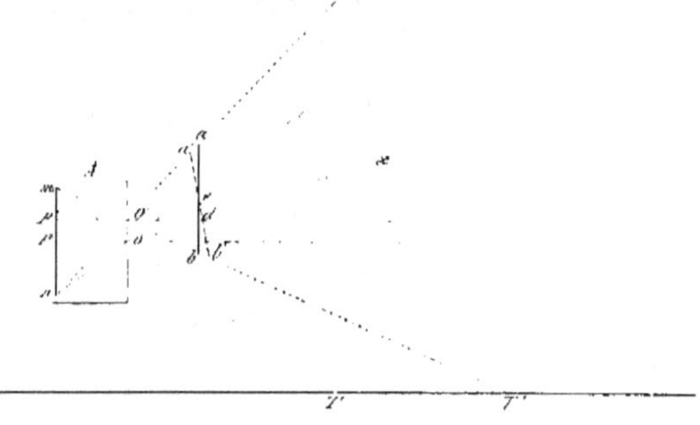

Fig. 118.

que celle formée sur la rétine si l'objectif était remplacé par notre œil, et la ligne de terre T se trouvera dans les deux cas, à la même distance, si nous admettons que notre œil voit à peu près distinctement dans le même champ que celui de l'objectif, soit 60 degrés environ.

Élevons maintenant l'objectif en O'. La ligne de terre reculera en T', la ligne d'horizon et le point de vue s'abaisseront sur la plaque en P', quand le contraire aura lieu dans la réalité où le point de vue s'élèvera passant de O en O' et avec lui la ligne d'horizon. Le triangle m O n, d'isocèle qu'il était, deviendra scalène en m' O' n.

Or, comment concorder tout cela avec la fusion stéréoscopique ?

Pour obtenir l'exacte illusion il faudrait que notre stéréoscope ait la forme d'un triangle scalène a O' b et qu'en contemplant les images, les axes des yeux soient dirigés dans des directions O' X, pour voir la ligne de terre en T'. Dans ce cas, le point de vue conserverait sa place, étant toujours sur l'horizontale O' d. Mais cela ne se passe pas ainsi. Le stéréogramme introduit dans le stéréoscope forme avec celui-ci un triangle isocèle et non scalène, ainsi que cela devrait être, basculant par conséquent la partie supérieure de l'image de a en a' et l'inférieure de b en b', portant en même temps le point de vue de d en e, de sorte que l'impression produite par l'ensemble, avec la ligne de terre en T', sera celle d'un manque de stabilité et d'équilibre avec constatation d'une insuffisance marquée de premier plan dans la partie inférieure du tableau, où notre œil cherchera en vain ce qui a été supprimé.

Le décentrement peut être comparé à un rideau qui s'élève devant nous à mesure que l'objectif se déplace, cachant successivement tout ce qui forme le premier plan.

C'est donc une vision anormale qui nous est fournie par l'image obtenue dans ces conditions, vu que le cône visuel se trouve obstrué en partie par le rideau interposé.

Tout ce qui précède nous prouve l'absurdité du décentrement en stéréoscopie, nous obtiendrons des résultats bien plus naturels en l'évitant.

LA CHAMBRE STÉRÉOSCOPIQUE

182) En résumant toutes les remarques et toutes les expériences que nous venons de citer, on pourra facilement se rendre compte comment devra être établie une chambre stéréoscopique, pour que le stéréogramme obtenu puisse donner l'illusion de la réalité.

Il est évident que, si nous plaçons notre œil en O (fig. 119), il n'y aura pas plusieurs façons de voir le cercle A en visant le point a, ou le cercle B en visant le point b, et que si nous déplaçons tant soit peu les deux points a et b, supposons en a' et b', nos rayons visuels ne pourront pas décrire l'angle $a' a$ A, ou bien $b' b$ B pour aller rejoindre les cercles A et B. C'est le cas pour le stéréogramme qui doit, autant que possible, être vu dans le stéréoscope dans le même cône visuel qu'il a été obtenu (27, 123, 128).

Il faudra donc que la chambre stéréoscopique produise des images dont les lignes de visée entre l'œil, un point de l'image et le point correspondant de l'objet réel, se rapprochent le plus des droites $a a$ A, $b b$ B, et dont l'écartement des homologues placés à l'infini (écartement des objectifs), soit le maximum qui puisse être fusionné par nos yeux sans effort et sans fatigue.

183) Ce résultat sera atteint avec des objectifs ayant un écartement se rapprochant le plus de celui des yeux, et des foyers permettant d'utiliser la plus grande partie possible des images produites dans leurs champs.

Fig. 119.

Supposons deux objectifs G D (fig. 120), couvrant un angle de 58 degrés. Avec un foyer de 15 centimètres les images produites par chacun d'eux seront $a b$ et $c d$. Les cônes des champs se croisant en h, nous ne pourrons utiliser que les parties $e f$ et $e g$ (161). Mais, si les objectifs n'ont qu'un foyer de 55 millimètres, l'angle de champ restant le même, nous aurons sur notre plaque en *a' b'* et *c' d'*, la reproduction entière des images *a b* et *c d*.

Si dans le premier cas nous avons écarté nos objectifs autant que nous avons pu (70 mm.), pour obtenir le plus d'images possibles en *e f* et *c g*, dans le second nous pourrons les rapprocher autant que l'espace *b' c'* nous le permettra pour nous conformer davantage à l'écartement réel des yeux.

La chambre à court foyer (5 à 9 centimètres) nous donnera par conséquent les résultats les plus naturels, les plus exacts, les plus complets. Le seul inconvénient des trop courts foyers sera de produire des images trop petites ne pouvant être vues que par transparence.

184) Pour obtenir des stéréogrammes sur papier, collés sur carton, comme nous avons

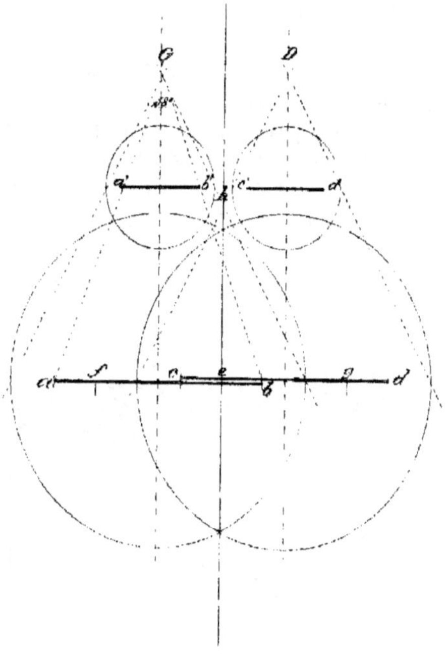

Fig. 120.

l'habitude d'en trouver dans le commerce, il faudra avoir recours à des foyers plus longs (10 à 15 centimètres), par conséquent à des appareils plus volumineux. Dans ceux-ci l'écartement des objectifs pourra atteindre 70 millimètres (144), ce qui nous permettra de gagner quelques millimètres sur la largeur des images. La hauteur pourra être en rapport à l'angle couvert par les objectifs (161).

185) L'appareil « idéal » n'existe pas en stéréoscopie, tous ceux contenus dans notre tableau § 163 peuvent répondre au désir de chacun. L'idéal de l'un sera le petit 45 107 parce que le moins encombrant et embrassant un angle d'environ 40 degrés, l'autre préférera un foyer de 10 ou 11 centimètres qui lui permettra de faire aussi bien des positifs sur verre que des épreuves sur papier. Un autre, désirant avoir les personnages d'une certaine grandeur, ou des images en hauteur, choisira un foyer de 15 centimètres, se contentant d'un angle de champ plus réduit (26 degrés). Les amateurs d'autochromes préféreront aussi un long foyer pour atténuer autant que possible la vue du grain de fécule, etc.

Il n'est pas nécessaire d'embrasser un grand angle pour avoir un tableau artistique. Deux simples arbres peuvent produire un effet charmant. Seulement, les uns aiment la quantité, les autres préfèrent la qualité. Aux premiers nous conseillons les foyers de 5 à 9 centimètres, aux seconds ceux de 10 à 15 et chacun aura ainsi son « appareil idéal ».

Nous voyons par là l'impossibilité matérielle d'établir un seul et unique appareil pouvant satisfaire tout le monde.

186) En appliquant deux objectifs de 15 centimètres de foyer, écartés de 70 millimètres, sur un appareil 13 18, et en nous servant d'un châssis pouvant contenir de chaque côté deux plaques 7 13, séparées par une simple bande métallique, nous obtiendrons, surtout en autochrome, des stéréogrammes d'une beauté remarquable.

Avec cette même chambre nous pourrons aussi reproduire les petits objets en grandeur naturelle (127). Seulement, comme la plaque 13 18 ne se prêterait pas bien à ce genre de travail, vu que les images occuperaient ses bords extrêmes, nous

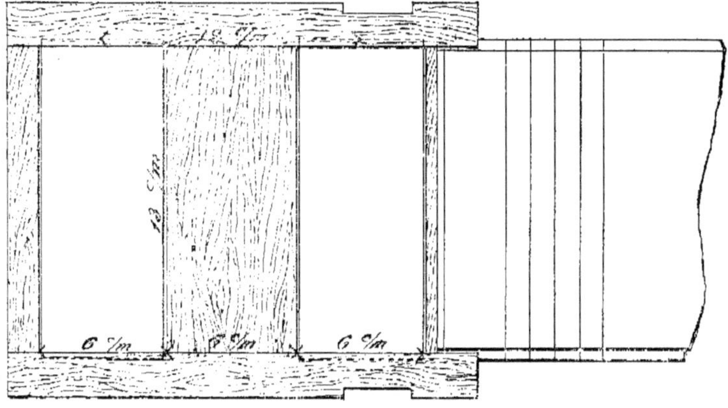

Fig. 121.

n'aurons qu'à modifier simplement les châssis comme indiqué fig. 121, ce qui nous permettra d'employer deux plaques 6 13.

Supposant les objectifs écartés de 60 millimètres (129), les plaques auront, dans le châssis, un écartement de 120 millimètres de centre à centre. Elles seront seulement retenues par les deux rainures d'en haut et d'en bas, sans aucune rainure latérale. Le châssis sera fermé par derrière par une planchette molletonnée qui maintiendra les plaques en place et facilitera, le cas échéant, l'emploi de la plaque autochrome.

Toute autre forme de châssis pourra convenir pourvu que les plaques soient placées aux écartement indiqués.

LES LENTILLES DU STÉRÉOSCOPE
ET LA PLACE DU STÉRÉOGRAMME DERRIÈRE LES LENTILLES

187) Pourquoi y a-t-il des lentilles au stéréoscope? Est-ce pour voir les images agrandies? Non, uniquement pour que nous puissions les voir nettes, placées à 15 centimètres (ou autres distances suivant les appareils) devant nos yeux et pour faciliter la divergence des axes de ces derniers (50). L'agrandissement n'est qu'une conséquence et les images agrandies, se trouvant dans les mêmes cônes visuels, n'influenceront aucunement celles produites sur les rétines par les images réelles du stéréogramme.

Nous n'aurons donc pas à nous occuper de l'agrandissement, image virtuelle qui n'existe pas, mais de l'image réelle. Sa place est exactement déterminée par le dessin (139). Si le négatif est obtenu en *a b* (fig. 122), le positif doit être vu à la même distance en *a' b'*. Aucune autre place ne nous donnera l'impression exacte de l'objet A. L'agrandissement obtenu par les lentilles reculera le positif en *a' b'*, mais rien ne sera changé dans les lignes de visée, ni à la dimension des images produites sur les rétines. Il s'ensuit que si nous plaçons le positif dans un stéréoscope à foyer plus court que celui de la chambre qui l'a produit, les images sur les rétines seront plus grandes et la fusion nous montrera forcément un sujet plus grand que nature, ou plus petit si le stéréoscope est à foyer plus long.

188) Plus la reproduction se rapprochera de la grandeur naturelle, moins il faudra de dioptries pour distinguer les images. Arrivés à la distance de la vision distincte, de simples prismes suffiront pour obtenir la fusion, et la distance entre le positif et nos yeux sera encore exactement la même que celle existant entre les objectifs et le négatif (134).

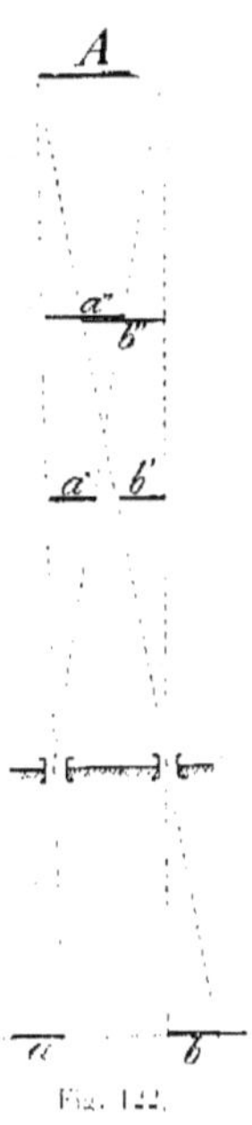

Fig. 122.

C'est de la distance réelle du stéréogramme aux lentilles et non de celle de son agrandissement, que nous nous servons aussi pour calculer les différents écartements des points homologues pour établir toutes les dimensions nous permettant de tracer n'importe quel dessin sur les deux tableaux du stéréogramme (108).

Il est donc indispensable que le stéréoscope soit du même foyer que la chambre et à crémaillère pour la mise au point.

Il est indifférent que les lentilles soient avec ou sans prismes, cela dépend uniquement de l'écartement des yeux de chacun et de l'écartement des points de vue des images.

8

Le seul moyen pour satisfaire tout le monde serait d'établir des stéréoscopes à écartements variables. Il en existe déjà, il s'agit de les généraliser. Les prismes deviendraient dans ce cas à peu près inutiles, surtout si on adoptait la largeur de 70 millimètres comme maximum des images.

189) Pour les foyers au-dessous de 10 centimètres environ, il serait à souhaiter que les lentilles puissent embrasser un champ plus vaste, car, dès que les images dépassent la hauteur de 8 centimètres, la distorsion se produit.

Pour pouvoir regarder des images de hauteurs différentes, il faudrait aussi que les oculaires puissent coulisser du haut en bas, cela permettrait de contempler le sujet de son vrai point de vue, ou tout au moins du milieu de l'image et éviter ainsi la distorsion de sa partie supérieure. Ce léger déplacement n'aurait aucune influence sur la perspective de l'ensemble.

190) La forme et la valeur des lentilles du stéréoscope n'ont qu'une influence insignifiante sur l'exacte restitution du relief si les images observées ont été prises à des distances supérieures à 4 mètres environ, mais à mesure que cette distance diminue, les effets de distorsion produits par la défectuosité des lentilles, joints à l'augmentation successive de l'écartement des homologues extrêmes (131), fausseront le relief, déformant les objets, et nous serons forcés d'avoir recours à des oculaires plus perfectionnés.

Nous obtenons les images avec des objectifs qui coûtent 200 à 300 francs et nous les regardons avec des lentilles valant tout au plus 2 à 3 francs ! C'est une sérieuse différence entre les unes et les autres ! S'il en existe une comme prix, il en existera une aussi concernant la marche des rayons. Or, ceux-ci qui autour de l'axe d'une simple lentille peuvent encore avoir une direction convenable, en auront une tout autre à mesure qu'ils approcheront de la périphérie, et

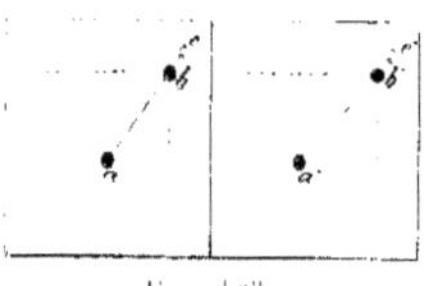

Fig. 123.

comme en stéréoscopie il suffit du plus minime déplacement pour différencier les plans, cette différence de vision à travers les lentilles suffira aussi pour déplacer les homologues et fausser le relief.

Si, avec de bons objectifs, nous obtenons les homologues $a\,a'$ et $b\,b'$ (fig. 123) et qu'à travers de simples lentilles nous percevions les points $a\,a'$ à leurs vraies places, mais les points $b\,b'$ repoussés en $c\,c'$ par la distorsion, le rapport existant entre les points rapprochés $a\,a'$ et les éloignés $b\,b'$ n'étant plus le même, la fusion de ces derniers nous fera voir un point tout à fait déplacé et la forme de l'objet représenté sera fortement modifiée. Outre cela les lentilles simples raccourcissent les lignes verticales et les fuyantes, pendant que les lignes horizontales conservent les mêmes dimensions que vues à travers les objectifs, d'où encore déformation de l'ensemble.

191) Pratiquement l'expérience est facile à réaliser. Prenons, par exemple, un stéréoscope de marque de 55 millimètres de foyer, instrument construit avec tout le soin possible, chaque oculaire étant composé d'un double jeu de deux lentilles achromatiques convexes, de forme étudiée et appropriée aux lentilles des objectifs de l'appareil qu'il accompagne.

Enlevons l'oculaire de droite, remplaçons-le par une simple lentille de même foyer (15 dioptries environ), genre de celles qui garnissent les stéréoscopes en général et regardons un stéréogramme d'apparence un peu dénaturée, c'est à dire pris à une faible distance. Aucune fusion n'aura lieu. Nous verrons deux images superposées, telles que chaque œil les voit à travers l'oculaire interposé et il nous sera facile de juger de la différence énorme qui existe entre l'une et l'autre, différence aussi importante et sérieuse que celle résultant de l'écartement exagéré des objectifs.

Si donc, avec l'oculaire de gauche, se rapprochant comme construction de l'objectif qu'il doit remplacer, notre sujet nous paraît avoir les dimensions vraies, il nous sera facile de comprendre pourquoi avec la lentille de droite tout le relief sera faussé. Pas un des homologues extrêmes ne correspondant à la place qui lui a été assignée par les objectifs, aucune fusion naturelle ne pourra avoir lieu et nous aurons des résultats invraisemblables.

192) Malheureusement tous les appareils ne sont pas pourvus d'oculaires perfectionnés et l'amateur de vues stéréoscopiques, qui n'est pas en même temps photographe, préférera le stéréoscope du commerce avec tous ses défauts et d'un prix abordable, au stéréoscope garni d'objectifs de marque d'une valeur trop souvent exagérée.

Les défauts signalés plus haut ne se produisent généralement que si nous nous servons de mauvais stéréoscopes pour regarder des stéréogrammes pris de trop près. Ce sera à nous à choisir ces derniers en rapport à l'appareil que nous possédons.

193) Beaucoup s'acharnent à vouloir établir une comparaison entre les yeux et les objectifs de l'appareil stéréoscopique pour faire ressortir la difficulté qu'il y a à voir dans le stéréoscope exactement ce que nous voyons dans la nature et veulent à tout prix appliquer aux objectifs les mêmes mouvements que ceux des yeux pensant par là obtenir un meilleur résultat. Ils prétendent que les yeux roulent dans tous les sens, pendant que les objectifs sont immobiles, que les yeux convergent et divergent à volonté, alors que les axes des objectifs doivent rester parallèles, que la chambre de l'œil est arrondie, tandis que la plaque sensible présente une surface plane, etc., etc.

Aucune de ces considérations ne saurait intervenir dans la construction de l'appareil stéréoscopique, vu que les objectifs ne font que reproduire fidèlement sur la plaque sensible l'espace qui s'étale devant eux, en le réduisant en rapport à leurs foyers.

C'est cette réduction que nous plaçons ensuite devant les yeux et sa perspective réduite sera d'autant plus exacte, ressemblera d'autant plus à ce que nous voyons, qu'elle aura été exécutée avec un écartement d'objectifs se rapprochant le plus de celui des yeux.

En regardant cette reproduction dans le stéréoscope, elle frappera nos rétines aux mêmes points et aux mêmes places que l'espace vu directement et nous pourrons à notre aise rouler les yeux dans toutes les directions, converger ou diverger pour voir à volonté les objets rapprochés ou éloignés (103).

194) Il est donc contraire à toutes les règles de la stéréoscopie de vouloir écarter à volonté les objectifs et à toutes les lois de la vision de soutenir que l'écartement des yeux varie suivant que nous regardons de près ou de loin.

L'écartement des yeux est invariable et les axes des champs de vision, qui n'ont rien de commun avec les axes de chaque œil, sont toujours parallèles. Une reproduction exacte de la nature ne pourra donc être obtenue si dans la prise des images par les objectifs nous changeons l'une ou l'autre de ces conditions (118).

195) Un espace A B (fig. 124) qui se peint sur nos rétines en $a\ b$, $a'\ b'$, restera toujours le même, donnera toujours la même impression, conservera toujours les mêmes proportions, si par des objectifs nous le ramenons sur des plaques en $c\ d$, $c'\ d'$ placées dans les mêmes angles (a A B, a' AB), sur les mêmes lignes de visée. Le point x nous le retrouverons en x' x', le point y, en y' y'. Il est indiscutable que si nous écartions, ou faisions converger les objectifs à la prise des images, les points x' x'' et y' y'' ne se trouveraient pas sur les mêmes lignes de visée, par conséquent n'impressionneraient plus les mêmes points rétiniens. De même si nous opérions avec des plaques arrondies.

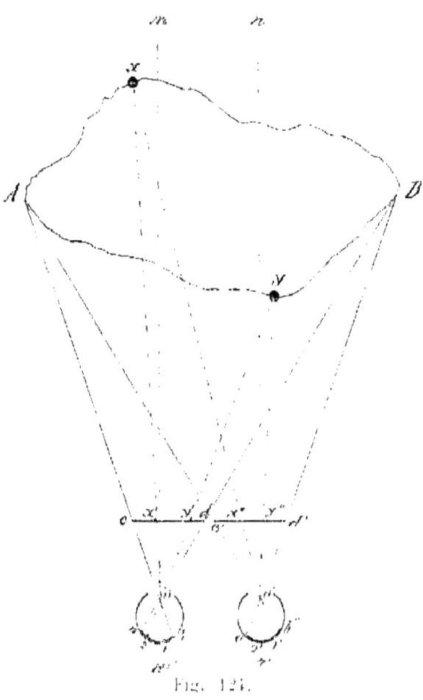

Fig. 124.

Rien ne sera changé aux images formées sur les rétines si, sans bouger notre tête nous roulons les yeux dans toutes les directions, si nous les faisons converger ou diverger. Tous ces mouvements ne déplacent pas les images $a\ b$ et $a'\ b'$, seules les rétines glissent pour ainsi dire sous les images pour amener le point central de vision (la tache jaune), l'axe de l'œil sur la partie de l'objet que nous désirons voir plus nettement. Si nous fixons le point x, les taches jaunes se déplaceront en 1 et 1', si nous fixons le point y, elles passeront en 2 et 2', mais dans aucun cas les images $a\ b$ et $a'\ b'$, n'auront changé ni de place ni de forme, ni de perspective, leur point de vue respectif étant toujours sur les axes $m\ m'$, $n\ n'$ et non sur les axes des yeux x 1, y 2.

Il s'agira donc d'obtenir par les objectifs en *c d*, *c' d'*, le plus possible des images reproduites en *a b*, *a' b'*, avec l'écartement *m' n'* (202).

LA VISION STÉRÉOSCOPIQUE EN GÉNÉRAL

196) La fusion des images stéréoscopiques n'est pas obtenue par tout le monde avec la même facilité. Il y a des personnes qui éprouvent des douleurs dans les yeux, d'autres qui ont toute sorte de malaises et enfin quelques-unes pour qui la fusion est chose tout à fait impossible.

On aurait tort d'attribuer tout cela à un défaut du système de vision. Le plus souvent la cause en est à la mauvaise confection des stéréogrammes, ou à la forme des lentilles du stéréoscope.

Ne pas fusionner dans un stéréoscope revient à dire qu'on ne peut pas converger sur un objet, chose inadmissible pour des yeux bien conditionnés et nous devrons en chercher la cause.

Il faudra s'assurer avant tout si un objet placé à une certaine distance est vu simultanément par les deux yeux et à peu près avec la même netteté, car souvent nous croyons voir avec les deux et nous ne voyons qu'avec un seul. Si les deux yeux voient de la même façon, il n'y aura aucune raison pour qu'on ne puisse faire fusionner les images au stéréoscope et percevoir le relief.

197) Nous aurons encore à connaître l'écartement de nos yeux (34). Leur écart moyen est d'environ 63 millimètres, mais il y a des différences sensibles, soit en plus, soit en moins.

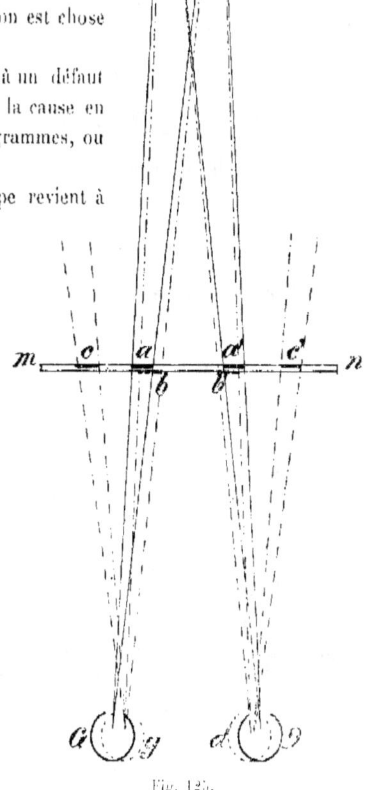

Fig. 125.

Or, les images stéréoscopiques sont obtenues avec des objectifs écartés depuis 60 millimètres jusqu'à 110 et sont ensuite collées sur les cartons sans tenir aucun compte de la place qu'occupaient les objectifs, avec des écartements d'homologues variant depuis 60 jusqu'à 95 millimètres et plus.

Comment prétendre que nos yeux puissent voir les unes et les autres avec la même facilité, surtout si les yeux les plus rapprochés entre eux se trouvent en présence des images dont les homologues sont les plus écartés ?

198) Nous avons ensuite le stéréoscope, le plus souvent à lentilles fixes ne convenant qu'à une seule vue, muni ou de lentilles ordinaires nous faisant voir les images exactement là où elles se trouvent, ou bien de lentilles sphéro-prismatiques rapprochant les images de quelques centimètres entre elles pour en faciliter la fusion (23).

199) Supposons maintenant nos yeux G D (fig. 125), écartés de 68 millimètres, fixant l'objet A. Ses images sur le stéréogramme *m n* seront en *a a'*. Placées dans ces conditions, dans un stéréoscope à lentilles ordinaires, la fusion aura lieu naturellement, sans aucun effort. Mais si nos yeux n'ont qu'un écart de 60 millimètres en *g d*, les images qu'ils pourraient fusionner sans peine, avec les mêmes lentilles, devraient se trouver en *b b'* ou bien en *a a'*, si vues avec des lentilles sphéro-prismatiques.

Il sera donc facile de comprendre que, si avec des yeux écartés de 60 millimètres nous regardons un stéréogramme dont les homologues *c c'* ont un écartement de 95 millimètres, il soit matériellement impossible d'arriver à une fusion quel que soit l'effort de divergence fait par les yeux, à moins de leur faire subir une éducation spéciale, longue et pénible (41).

200) C'est uniquement à la négligence des constructeurs d'appareils, au manque d'attention, à l'ignorance des colleurs de stéréogrammes et au manque d'entente, que certaines personnes se voient privées du plaisir de pouvoir admirer les beautés des vues stéréoscopiques.

Pour parer le plus possible à tous ces inconvénients il faudra :

1° Prendre les vues stéréoscopiques avec une chambre dont l'écartement des objectifs ne dépassera pas 70 millimètres.

2° Coller les épreuves, ou les placer devant nos yeux, avec un écartement de leurs points de vue égal à celui des objectifs.

3° Les regarder de préférence dans un stéréoscope à lentilles ordinaires si l'écartement des yeux est supérieur à 65 millimètres ou à lentilles sphéro-prismatiques s'il est inférieur.

4° Ne jamais acheter des stéréogrammes sans mesurer l'écartement des homologues, qui ne devrait pas excéder 70 millimètres pour les plans les plus éloignés, ou 75 maximum si notre stéréoscope a des lentilles sphéro-prismatiques.

5° Avoir un stéréoscope à crémaillère pouvant s'adapter à toutes les vues.

En observant toutes ces règles, il sera bien difficile qu'il se trouve encore des yeux ne pouvant fusionner, dans quel cas on n'aura qu'à procéder par tâtonnement, soit en coupant le stéréogramme par le milieu pour en rapprocher ou en écarter les deux éléments jusqu'à ce que la fusion ait lieu et déterminer ainsi l'écartement qui leur convient (66), soit en écartant ou en rapprochant les lentilles du stéréoscope, qui bien souvent sont loin de correspondre à l'écartement des yeux. Plus espacées que ces derniers, elles produisent l'effet de prismes à base externe (25), qui rapprochent les images et facilitent la fusion ; moins espacées, par contre, elles empêchent toute fusion et chaque œil voit son image séparément. L'effet produit sera celui de deux prismes à base interne (30), écartant les images au lieu de les rapprocher.

201) La fusion stéréoscopique est très capricieuse et l'entraînement la développe beaucoup. Nous avons constaté que des vues marquant avec peine 50/60 au fusiomètre (fig. 126) pouvaient, sans difficulté aucune, fusionner dans le même stéréo-

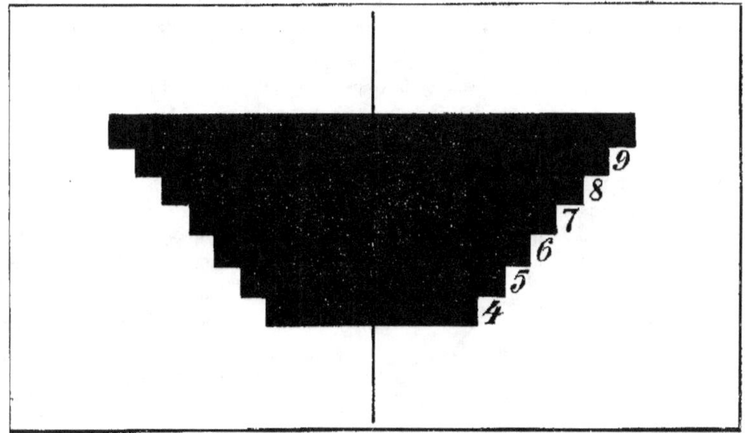

Fig. 126.

scope des stéréogrammes dont les homologues étaient à 80 millimètres, tout en étant dans l'impossibilité absolue de fusionner deux simples cercles ayant ce même écartement.

Nous en avons conclu que dans un stéréogramme les premiers plans amorçaient insensiblement nos axes visuels, aidant l'effort de la divergence et facilitant la fusion de l'ensemble.

Étant donné le même écartement d'homologues, un stéréogramme avec de premiers plans très rapprochés fusionnera bien plus facilement qu'un autre privé de premiers plans.

Un fusiomètre ne peut nous fournir que des renseignements très approximatifs sur notre pouvoir de fusion stéréoscopique, car rien ne peut forcer nos yeux à fixer le lointain, quand, sans fatigue, nous pouvons voir un point rapproché.

En fusionnant les deux tableaux du fusiomètre, soit par la volonté, soit dans le stéréoscope, nous verrons au centre de l'image qui se produit, le chiffre en centimètres de notre pouvoir de divergence.

LES IMAGES STÉRÉOSCOPIQUES RATIONNELLES

202) En examinant la formation des images stéréoscopiques obtenues avec deux objectifs ayant un foyer inférieur à 6 centimètres et un angle de champ de 58 degrés, on pourra facilement se rendre compte que les deux cercles qui en résultent ne se chevauchent pas comme c'est le cas pour ceux obtenus avec des objectifs dont les foyers sont supérieurs à 6 centimètres (162).

On se demande alors pourquoi, pour le plaisir de rendre les images carrées, on en supprime presque la moitié, quand rien ne nous y oblige et pourquoi on s'acharne sur ce format au lieu de profiter des avantages que nous offre cette combinaison, la seule qui nous permette de voir l'espace sous sa vraie forme, de jouir de toute son étendue.

Notre pupille étant ronde, nous voyons constamment devant nous un immense cercle s'éloignant à perte de vue. Alors, pourquoi inscrire des carrés dans les cercles? Pourquoi ne pas utiliser ces derniers tels que nous les obtenons?

La différence est considérable. Les images d'une plaque 45 107 ont chacune une superficie de 15 centimètres carrés, tandis que les cercles produits par les champs des mêmes objectifs en ont une de 29. Un sacrifice de 14 centimètres carrés, une perte de presque 50 0/0, c'est vraiment trop et ne doit pas nous laisser indifférents.

Qu'une photographie ordinaire ait la forme d'un carré ou d'un rectangle, rien de plus naturel, mais se croire obligés de considérer ce format à bords parallèles comme le seul possible, c'est une grosse erreur.

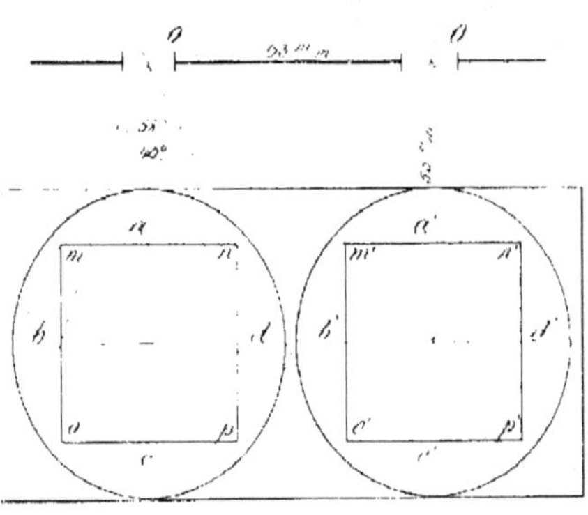

Fig. 127.

203) Les deux objectifs O O' fig. 127, d'un foyer de 55 millimètres, écartés de 63 millimètres, produiront sur la plaque sensible deux cercles de 6 centimètres de diamètre et des images absolument nettes à leurs circonférences. Or, il est d'usage de n'utiliser que les carrés *m n o p, m' n' o' p'* inscrits dans ces cercles et de supprimer impitoyablement les parties *a b c d, a' b' c' d'*, quand celles-ci fourniraient, non seulement un champ de vue bien plus vaste (58 degrés au lieu de 40), mais contribueraient encore à nous faire voir la nature telle que nous la voyons habituellement (Voir planches VI et VII).

Disposant d'un angle utile de 58 degrés, l'espace reproduit à la distance de 200 mètres serait d'environ 40.000 mètres carrés, quand la plaque 45/107 ne couvre à la même distance qu'une superficie de 21.000 et la plaque 9/18, dans un appareil de 15 centimètres de foyer, une de 8.500 seulement (164). La figure 110 nous indique en A B l'espace embrassé par rapport aux autres appareils.

204) Beaucoup se figurent que plus l'appareil est grand, volumineux, plus ils peuvent obtenir d'image, embrasser d'espace sur leur plaque sensible. C'est exactement le contraire qui arrive.

Supposons les deux cercles O O' (fig. 128) représentant les images données par les champs complets des objectifs. Celles d'un appareil 45/107 seront formées par les

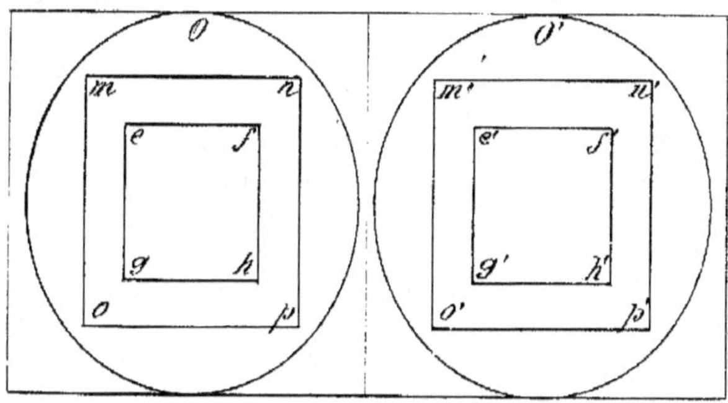

Fig. 128.

carrés inscrits $m\,n\,o\,p$, $m'n'o'p'$ (diminuées encore par les rainures du châssis) et celles d'un appareil de 15 centimètres de foyer (plaque 9/18, 8/18), correspondront aux carrés $e\,f\,g\,h$, $e'\,f'\,g'\,h'$.

Certainement l'image obtenue avec la chambre 9/18 sera plus grande comme dimensions, mais elle ne contiendra ni un brin d'herbe, ni une pierre de plus que le petit carré $e\,f\,g\,h$. Placées chacune dans le stéréoscope qui leur convient (52), elles nous donneront exactement la même impression de dimension et de relief. L'image ronde embrassera donc presque deux fois plus d'espace que celle de l'appareil 45/107 et cinq fois plus que celle d'un appareil 9/18.

La différence pour les dimensions intermédiaires sera facile à calculer (163). Ainsi l'appareil 6/13, F : 8, qui donne exactement la même image que l'appareil 45/107, embrassera aussi la moitié moins d'espace que l'image ronde obtenue avec un foyer de 55 millimètres.

Invariablement, en voyant les images arrondies, l'amateur du 6/13 ordinaire soutiendra que les quatre coins de sa plaque étant aussi garnis, il embrassera bien davantage d'espace. Il ne se rend pas compte que ses images sont des agrandissements des carrés inscrits *m. n. o, p*, *m' n' o' p'*, par conséquent les mêmes que celles de l'appareil 45-107.

205) C'est précisément en tenant compte de tous ces avantages et en nous basant strictement sur les règles énoncées dans ce traité que nous avons eu l'idée de construire un appareil réunissant toutes les qualités nécessaires à l'obtention d'un stéréogramme parfait donnant à s'y méprendre l'illusion de la réalité.

La première de ces qualités est incontestablement l'angle embrassé. Il est impossible de se faire une idée exacte de l'énorme importance donnée à l'ensemble du tableau : esthétique, naturel, vie, espace, en conservant aux images les parties du cercle que tous les constructeurs ont préféré supprimer, ainsi que l'impression de vérité obtenue par la forme arrondie des images.

Il est indiscutable que nous n'avons pas l'habitude de voir la nature à travers une fenêtre carrée, comme c'est le cas dans tous les stéréoscopes existants, mais bien à travers un immense cercle, base du cône visuel. C'est ce qui nous a amené à conserver aux images la forme arrondie que les objectifs leur donnent, sans aucune suppression, ni modification. Ces images, prises avec le même écartement que celui des yeux, dépendront des mêmes points de vue ; la perspective, cette perspective tant négligée par la plupart des constructeurs, ne subira aucune modification et nos rétines recevront exactement la même impression que celle reçue par la réalité.

206) Nous avons adopté le format 6-13 comme le plus pratique à tous les points de vue. La plaque 6/13 se trouve partout. La plaque 13/18 peut au besoin nous fournir 3 plaques 6-13. Dans toutes les cuvettes pour plaques 13-18 nous pouvons développer trois 6-13 à la fois. Les cuves à lavage et les séchoirs pour 13/18 peuvent servir pour plaques 6-13, etc., etc.

Rien n'empêcherait de construire l'appareil pour d'autres formats en conservant toujours le foyer d'environ 55 millimètres. Seul l'angle de champ des objectifs subirait quelques modifications. La plaque 7-13 nous permettrait d'avoir une certaine marge en haut et en bas ; mais moins usitée que sa sœur 6-13 pourrait mettre dans l'embarras quelque touriste juste au moment où il en aurait le plus besoin.

En augmentant les champs des objectifs les images se chevaucheraient légèrement, dans ce cas elles prendraient la forme ovale au lieu de rester rondes.

Dans tous les cas, voici les limites que nous pourrions atteindre en opérant quelques changements, soit dans le champ, soit dans l'écartement des objectifs.

Dimension de la plaque	Angle de champ	Écartement des objectifs	Format des images	Surface couverte à 200 mètres
6-13 ou 7-13	58°	63 m m	rondes	40.000 mq
7-13	65°	63	ovales	44.500 —
8-13	70°	63 —	ovales	49.000 —
7-14	65°	70	rondes	51.000 —

207) Le stéréoscope, construit spécialement pour l'appareil, a exactement le même foyer et donne, par conséquent, l'illusion vraie de l'espace et des objets qui s'y trouvent (188). Muni d'une crémaillère il peut être adapté à toutes les vues.

Nous croyons avoir atteint par là le maximum de perfection pour la prise et la vue des images stéréoscopiques et avoir surtout sanctionné par la pratique les théories émises dans le présent ouvrage.

L. S.

DIJON, IMP. DARANTIERE.